Katja Bredlau-Morich

Kinesiologisches PFERDETAPING

Theorie | Tipps | Tapinganlagen

Dieser Link führt Sie zu den in diesem Buch enthaltenen Medien. Die QR-Codes zu den Videos finden Sie auch an den entsprechenden Stellen in den Kapiteln.

Müller Rüschlikon

Für alle meine Patienten-Pferde:

Ihr seid der Grund dafür,
warum ich jeden Tag zur Arbeit gehe.
Ihr seid der Grund dafür,
dass ich ständig an meinen
therapeutischen Fähigkeiten arbeite.
Ihr seid der Grund dafür,
dass sich die Tapinganlagen ständig
weiterentwickeln und verbessern.

Einbandgestaltung: R2 I Ravenstein, Verden

Titelfoto: Robert Bredlau

Bildnachweis:
Caroline Goforth: S. 47; Sina Storm: S. 11
Alle übrigen Fotos stammen aus dem Archiv von
Katja Bredlau-Morich und Robert Bredlau.

Eine frühere Ausgabe dieses Buches ist unter der
ISBN 978-3-275-02066-9 erschienen.

ISBN 978-3-275-02222-9

Postfach 103743, 70032 Stuttgart
Ein Unternehmen der Paul Pietsch Verlage GmbH & Co. KG

5. Auflage 2024

Sie finden uns im Internet unter
www.mueller-rueschlikon-verlag.de

Lektorat: Claudia König
Innengestaltung: R2 I Ravenstein
Druck und Bindung: Graspo CZ, 76302 Zlin
Printed in Czech Republic

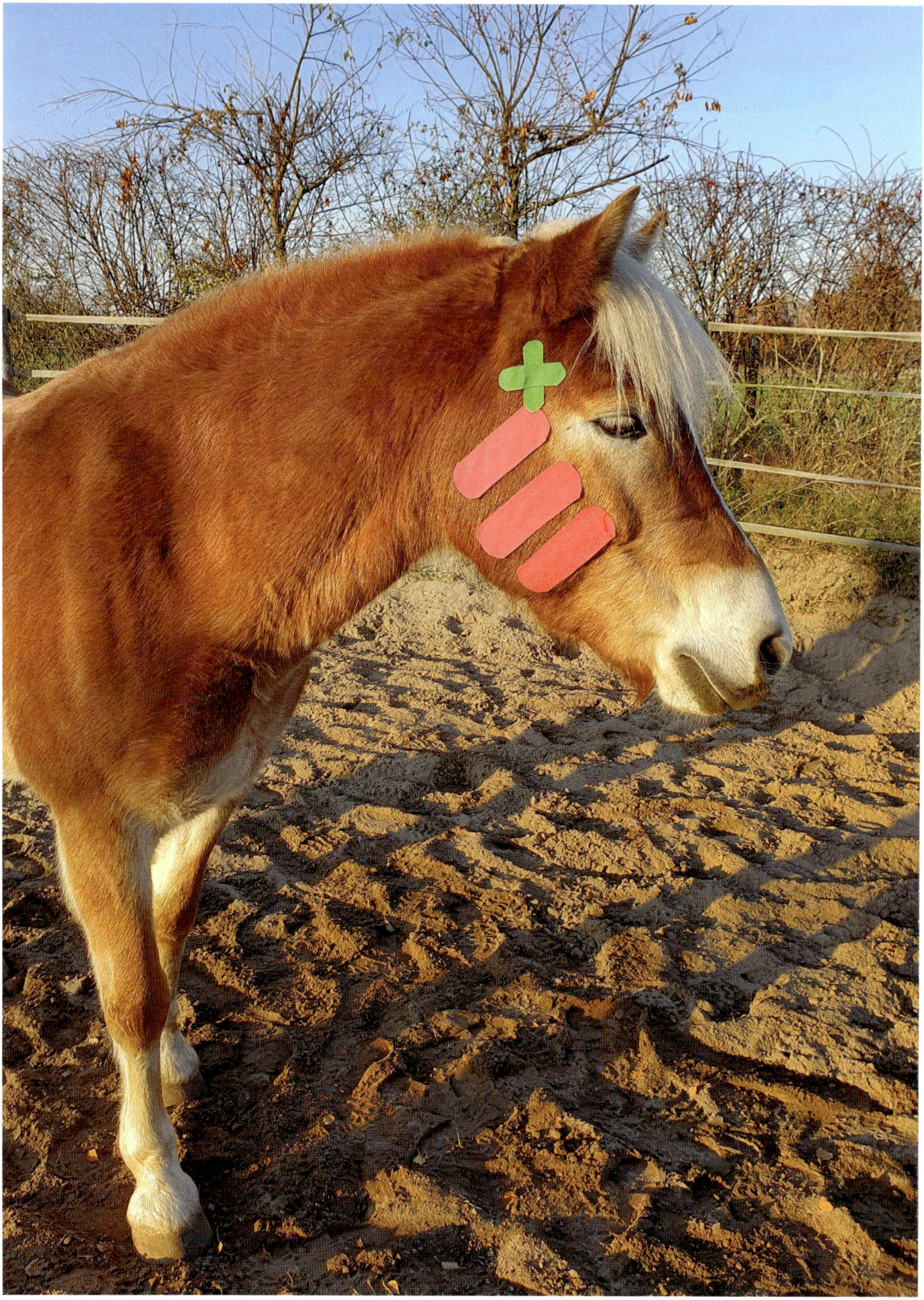

Liebe Leserinnen, liebe Leser,

fünf Jahre ist es her, dass die Erstauflage von »Kinesiologisches Pferdetaping« im Verlag Müller Rüschlikon erschienen ist. Viel ist inzwischen passiert: Das Buch ist bereits seit 2018 in Englischer Sprache erhältlich. 2019 kam der Titel »Kinesiologisches Taping für Hunde« im Kynos-Verlag heraus. Auch das Hunde-Buch ist seit 2020 in Englisch erhältlich. Das Thema Taping von Tieren stößt auf immer größeres Interesse und viele Vierbeiner profitieren zwischenzeitlich davon.

Auch wenn das Grundprinzip des Tapings gleich geblieben ist, wurde es Zeit für eine überarbeitete Version dieses Buches. Alle medizinischen und therapeutischen Behandlungsformen unterliegen einem Wandel und entwickeln sich stetig weiter. Neues wird ausprobiert, einiges davon wieder verworfen, aber vieles erweist sich als empfehlenswerter Zusatz. Deshalb hier nun die überarbeitete Version mit 5 neuen Kapiteln, 4 weiteren Tapinganlagen und noch mehr Fallbeispielen, die für einen besseren Überblick direkt den entsprechenden Tapinganlagen zugeordnet wurden.

Viel Spaß beim Lesen und Tapen wünscht

Katja Bredlau-Morich

Zertifizierte Tierphysiotherapeutin

Kapitel 1

Geschichte und Entwicklung des Kinesiologischen Tapes

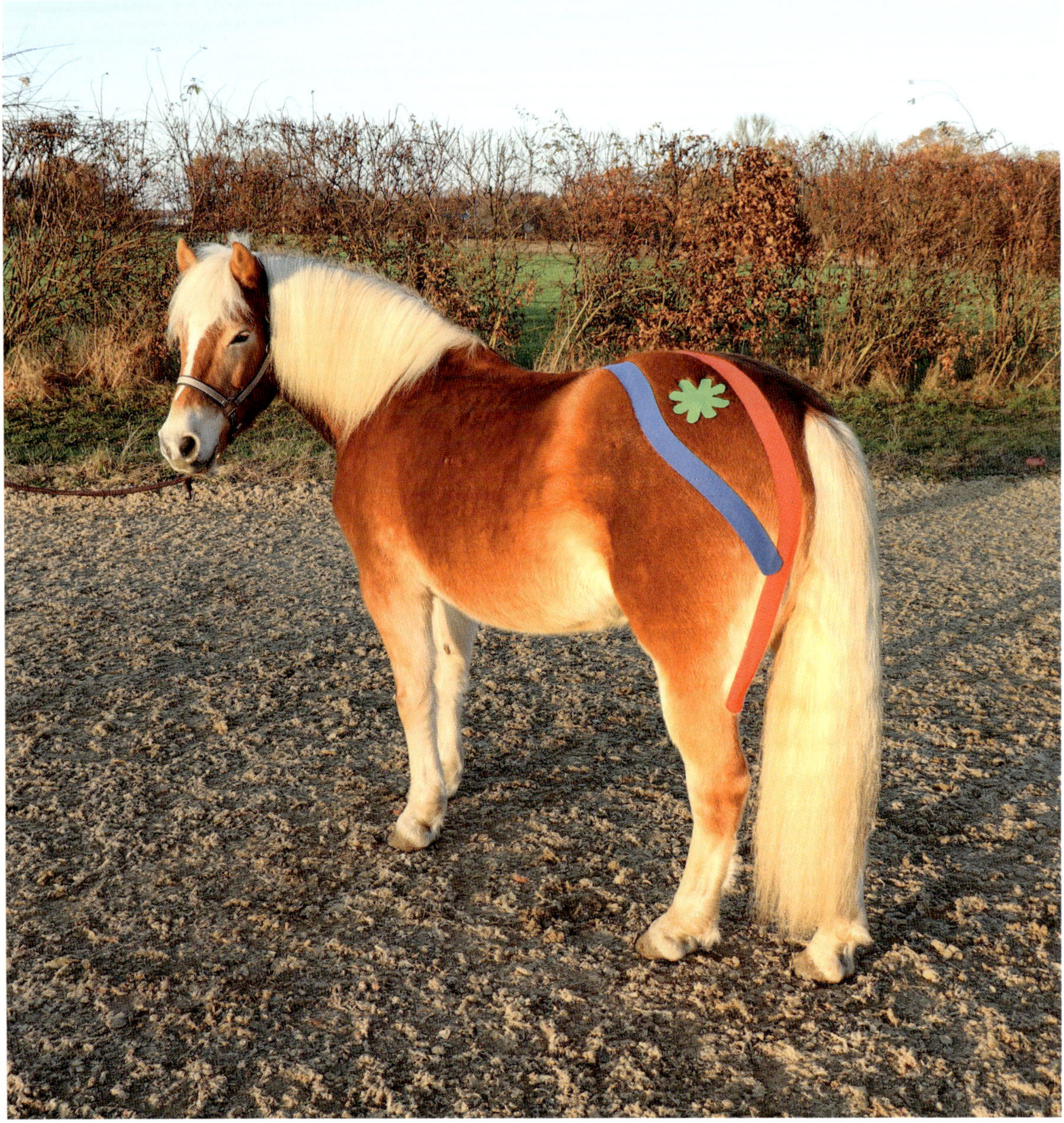

Diese besondere Form des Tapings wurde von dem japanischen Chiropraktiker Dr. Kenzo Kase für den Humanbereich entwickelt. Der genaue Ursprungszeitpunkt schwankt je nach Literaturquelle von 1969 über 1973 bis 1979. Es bedurfte wohl einiger Zeit, den Gedanken von einem flexiblen Tape in die Praxis umzusetzen und ebenso vom ersten Prototyp bis zur Serienfertigung. Daher kommt es wahrscheinlich zu diesen verschiedenen Ursprungsdaten. Fest steht: Es wurde in den 70er Jahren des letzten Jahrhunderts entwickelt.

Ende der 1980er Jahre sah man die ersten japanischen und chinesischen Athleten mit diesen bunten Tapes bei sportlichen Wettbewerben. Aber erst bei den Olympischen Spielen 2008 wurde das Kinesiologische Tape auch von Sportlern anderer Nationen genutzt. Vier Jahre später, bei den Olympischen Spielen 2012, war es dann fast schon Standard unter den Athleten, getapt zu sein.
Wie bereits oben erwähnt, ist Dr. Kase Chiropraktiker. Er suchte nach einer Möglichkeit, die seine chiropraktischen Maßnahmen unterstützte und verbesserte. Das Lösen von Gelenkblockierungen war nicht immer erfolgreich und anhaltend, wenn man nicht auch das umliegende Gewebe mit in Betracht zog, behandelte und unterstützte.
Zum damaligen Zeitpunkt gab es nur starres und unflexibles Tape, ähnlich handelsüblichem Paketklebeband, das zwar gut geeignet war, ein schwaches Gelenk zu fixieren, zu stabilisieren und zu stützen, es schränkte aber aufgrund eben dieser Unflexibilität den Bewegungsradius des Gelenkes auch erheblich ein. Wie man heute weiß, ist dies für den Heilungsprozess von Knochenbrüchen gut, aber nicht für das Weichteilgewebe. Eine kontrollierte, leichte Bewegung von Sehnen, Bändern und Muskeln ist für deren Heilungsprozess eher von Vorteil. Nur wenn das Gewebe leicht bewegt wird, richten sich die neuen Fasern und Zellen korrekt in die gewünscht Bewegungsrichtung aus. Genau dies erlaubt das elastische und flexible Kinesiologische Tape.

Es kann die Muskelaktivität anregen oder entspannen (je nach Applikation), es unterstützt Bänder und Sehnen, ohne dass es dabei zu einer Bewegungseinschränkung kommt. Das Tape schmiegt sich wie eine zweite Haut an die Körperoberfläche an. Dadurch kommt es zu keinerlei Einschränkungen im normalen Bewegungsablauf. Stattdessen unterstützt und verbessert es diesen sogar.

Eine weitere Überlegung von Dr. Kase war, dass dieses flexible Tape seine Behandlungen auch längerfristig unterstützen sollte und dass es etwas sein sollte, was er seinen Patienten »mit nach Hause« geben konnte. Auch dies ist ihm mit dem elastischen Tape gelungen. Da es wie eine zweite Haut anliegt und den Bewegungsradius nicht einschränkt, kann das Tape auch über längere Zeit, bei allen möglichen Tätigkeiten getragen werden, wie z.B. beim Sport, bei der Arbeit, beim Duschen oder Baden. Im Reha-Bereich empfiehlt man, die Taping anlagen vier bis fünf Tage zu tragen.
Nachdem sich das Taping im Humanbereich so erfolgreich zeigte, war es nur eine Frage der Zeit, bis man auf die Idee kam, dies auch an Tieren, insbesondere Pferden, anzuwenden.

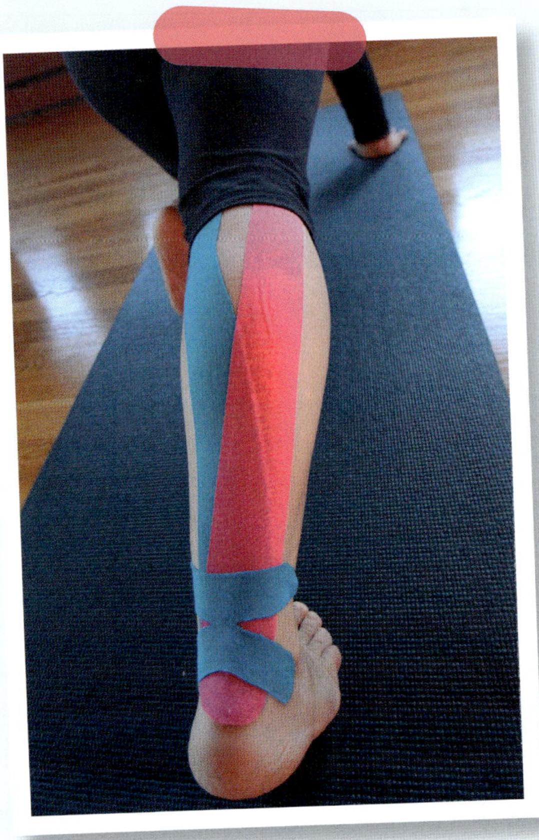

Abb. 1.1: Muskeltape des M. gastrocnemius kombiniert mit einem Stabilisierungstape der Achillessehne.

Abb. 1.2: Deutsches Reitpony und Chihuahua mit einem Knieschlingentape zur Stabilisierung des Kniegelenkes.

Auch Pferde sind Athleten, die sportliche Leistungen vollbringen und somit auch körperliche Beschwerden haben. Und damit sind nicht nur die Spitzenturnierpferde gemeint, die auf internationalen Championaten Höchstleistungen vollbringen.

Jedes Pferd, das regelmäßig geritten und gefahren wird, vollbringt eine gewisse sportliche Leistung. Sie werden genauso von Tierärzten und Tier-Therapeuten (Physiotherapeuten, Osteopathen, Chiropraktikern, Masseuren) behandelt, wie zweibeinige Athleten von ihren Ärzten und Therapeuten betreut werden. Wieso also sollte man die Pferde nicht auch mit Kinesiologischem Tape behandeln?

Aber natürlich lassen sich nicht nur Pferde tapen. Jedes Tier mit physiologischen Problemen kann davon profitieren: sogar Hunde und Katzen. Es kommt inzwischen auch viel bei Milchkühen zum Einsatz, da diesen aufgrund der Milchproduktion keine Medikamente verabreicht werden sollten.

Da ich mich selber auf Pferde spezialisiert habe, sind dies aber meine vorwiegenden Patienten und Thema dieses Buches.

1.1 Was bedeutet »kinesiologisch«?

Kinesiologie geht zurück auf die griechischen Worte »kinesis« für Bewegung und »logos« für Lehre. Es gibt zwei Teilgebiete: die angewandte Kinesiologie und die medizinisch-wissenschaftliche Kinesiologie.

Die angewandte Kinesiologie ist eine eigenständige Analyse- und Behandlungsmethode. Dabei werden spezifische manuelle Muskeltests durchgeführt und die Muskelspannung geprüft. Erfahrene Therapeuten ziehen mit Hilfe dieser Tests Rückschlüsse auf den funktionellen Zustand des Körpers.

Im medizinischen Bereich wird Kinesiologie als Bewegungslehre definiert und befasst sich mit der Wirkung und Bewegung von Muskeln, Sehnen, Bändern und Knochen – wie diese interagieren, sich gegenseitig beeinflussen und voneinander abhängig sind. Der Fokus wird dabei auf die ganzheitliche Betrachtung eines Organismus gelegt, da im Körper alles miteinander verbunden ist. Somit spielt diese Bewegungslehre eine große Rolle in der Physiotherapie und Rehabilitation.

Wichtige Teildisziplinen der medizinisch-wissenschaftlichen Kinesiologie sind die funktionelle Anatomie und die Biomechanik. Die funktionelle Anatomie beschäftigt sich mit der Struktur des Gewebes, des Bewegungsapparates und des Organismus sowie dem Zusammenhang, dem Aufbau und der

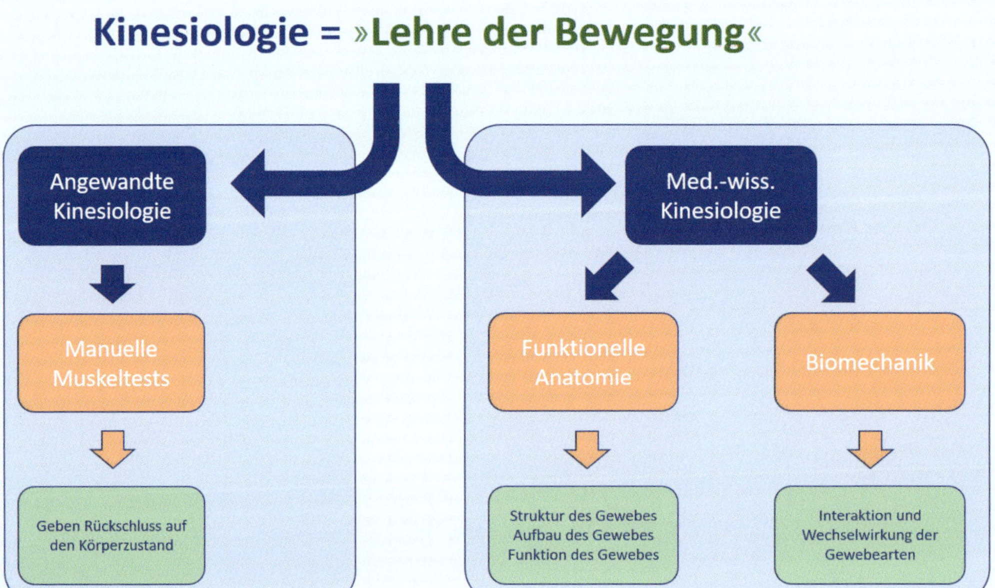

Abb. 1.3: Die verschiedenen Bereiche der Kinesiologie.

Funktion in der Bewegung. Die Biomechanik befasst sich mit der Wechselwirkung zwischen den Strukturen und der Bewegung.
Da diese Form des Tapings die Bewegung fördert und unterstützt, bekam es den Beinamen: Kinesiologisches Taping.

1.2 Begriffserklärung: Die verschiedenen Tapearten

Wer schon einmal Tape kaufen wollte, hat bestimmt festgestellt, dass es unterschiedliche Bezeichnungen gibt und Tape nicht gleich Tape ist. Welches ist also das Tape, von dem hier im Buch die Rede ist?

Physio-Tape: Oft fällt der Begriff »Physio-Tape«. Diese Tapeart entspricht von Anlage und Wirkungsweise der des Kinesiologischen Tapes. Physio-Tape wurde von einigen Herstellern zur Abgrenzung so benannt. Der Begriff ist inzwischen weit verbreitet, so werden die Begriffe »Physio-Tape« und »kinesiologisches Tape« nebeneinander gebraucht und stehen für das Gleiche. Es gibt sogar Hersteller, die ihr Tape als »kinesiologisches Physio-Tape« bezeichnen.

Sport-Tape: Wie anfangs beschrieben besteht das Sport-Tape aus festem, unelastischem Material. Es soll fixieren, stützen und stabilisieren – der Bewegungsradius wird dadurch eingeschränkt.

Dynamisches Tape: Dabei handelt es sich um ein hoch elastisches Tape aus Kunstfaser, das noch viel dehnbarer ist, als das Kinesiologische Tape. Aufgrund der extremen Elastizität arbeitet es massiv mit mechanischen »Rückholkräften«, die bei der Anlage entstehen. Im Humanbereich wird es zur Haltungs- und Stellungskorrektur eingesetzt. Dieses Tape wird von Tieren nur begrenzt toleriert, die starken Zugkräfte werde als unangenehm empfunden und rufen Abwehrreaktionen hervor.

Kapitel 2

Kinesiologisches Tape – ein besonderes Material!

2.1 Das Material

Das Kinesiologische Tape besteht aus einem dünnen, dicht gewebten Baumwollmaterial, ähnlich einem T-Shirt-Stoff. Allerdings ist es mit Elasthanfasern durchzogen. Diese Fasern sind in der Längsrichtung des Tapes eingewebt. Aus diesem Grund ist es in seiner Längsrichtung dehnbar, in der Querrichtung allerdings nicht! Gerade beim Taping von kleineren Arealen, wie einem Narbenbereich, sollte man dies im Hinterkopf behalten. Bei Narben werden meist nur kleine Tapestreifen benötigt. Das führt dazu, dass man das Tape in Querstreifen von der Rolle abschneiden möchte. Sobald man aber versucht, die Folie auf der Rückseite einzureißen, merkt man bei den Querstreifen, dass das nicht funktioniert, weil eben keine Querdehnung möglich ist.

2.2 Die Elastizität

Wie zuvor beschrieben ist das Kinesiologische Tape mit Elasthanfasern durchzogen, dadurch ist es dehnbar und elastisch. Das Tape ist, ähnlich einem Pflaster, auf einer Folie aufgebracht. Auf dieser Folie ist das Tape bereits um 10 % vorgedehnt!
Dies sollte man beim Tapen immer im Hinterkopf behalten, denn gerade bei Pferden sind diese 10 % Vordehnung oftmals ausreichend. Diese Vordehnung findet man bei allen Herstellern, da sie produktionstechnische Gründe hat. Würde man während der Produktion versuchen, das Tape ungedehnt auf der Trägerfolie aufzubringen, wäre die Gefahr groß, dass dabei Falten entstünden. Mit der leichten Dehnung kann das Tape gleichmäßig und faltenfrei auf der Trägerfolie aufgebracht werden.
Die Angaben zur Dehnfähigkeit variieren je nach Hersteller von 140 bis 180 % der Ausgangslänge. Die unterschiedlichen Dehnungsgrade lassen sich bei Kinesiologischen Tapes mit einem Muster oder Schriftzug sehr gut sichtbar machen. Je stärker die Dehnung, umso verzerrter sind das Muster oder der Schriftzug.

Abb. 2.1: Die unterschiedlichen Dehnungsgrade von kinesiologischem Tape = je stärker das Tape gedehnt ist, umso verzerrter der Schriftzug oder das Muster.

1. Ohne Dehnung | **2.** Leichte Dehnung = 10 % = Auf der Folie | **3.** Mittlere Dehnung | **4.** Starke Dehnung

2.3 Der Kleber

Auf der Rückseite des Tapes ist ein spezieller Acrylkleber aufgebracht. Dieser ist latex- und medikamentenfrei. Wenn man diese Kleberschicht von Nahem betrachtet, sieht man, dass sie eine Wellenform mit feinen Zwischenräumen aufweist. Diese Zwischenräume machen das Material Luft- und Wasserdurchlässig, was den Tragekomfort erhöht. Im Gegensatz dazu haben Pflaster eine geschlossene Klebeschicht. Die Haut fühlt sich nach einigen Tagen unter dem Pflaster nicht mehr gut an. Sie wird weich, etwas weißlich und mazeriert. Dies liegt an der geschlossenen Klebeschicht, die so gut wie keine Luft durchlässt und somit die Haut nicht »atmen« lässt. Das Kinesiologischen Tape lässt hingegen die Haut »atmen«. Sie sieht getapt auch nach mehreren Tagen noch vollkommen normal aus.

Die Wellenform des Klebers hat seinen Grund: Man könnte ihn (mit Zwischenräumen) ansonsten auch einfach gerade/linear auf dem Tape aufbringen. Bei der Entwicklung des

Abb. 2.2: Die spezifische Wellenform des Acrylklebers auf der Rückseite des Kinesiologischen Tapes.

Tapes hat man allerdings festgestellt, dass es damit besser haftet. Denn auch der Patientenkörper bewegt sich nicht nur linear.
Nehmen wir als Beispiel den langen Rückenmuskel. Er entspringt am Beckenknochen und verläuft rechts und links parallel entlang der Wirbelsäule bis zum Hinterhauptsbein. Wenn dieser Muskel linear arbeitet, ist er für die Streckung und Dehnung des Rückens zuständig. Kein Lebewesen bewegt sich nur linear. So versucht das Pferd zum Beispiel, sich mit den Zähnen seitlich am Bauch zu kratzen. Dabei entsteht eine Seitbiegung. Pferde legen sich zum Ruhen hin, dabei kommt es zu einer Seitrotation. All diese Bewegungen muss das Tape auf dem langen Rückenmuskel mitmachen können und dabei auftretende Scherkräfte ausgleichen. Es hat sich gezeigt, dass das Tape diese Kräfte mit der wellenförmigen Beschichtung am besten kompensieren kann.

Der Kleber hat noch eine weitere Besonderheit: Er wird durch Reibungswärme aktiviert. Nach dem Aufbringen des Tapes sollte man immer kräftig darüber reiben. Durch die dabei entstehende Reibungswärme aktiviert und entfaltet der Acrylkleber seine optimale Haftfähigkeit. Es gibt keine Zeitvorgabe, wie lange man reiben sollte. Wenn die Hand warm wird, sind auch das Tape und der Kleber darunter warm. In der kalten Jahreszeit kann man sich auch behelfen, indem man das Pferd für ein paar Minuten unter ein Solarium stellt. Im Hochsommer wir dieser Job von der Sonne erledigt.

2.4 Zusammenfassung

Die Kombination aus den vorgenannten Eigenschaften macht das Kinesiologische Tape so besonders. Das Baumwollgewebe, die Elasthanfasern und die beschriebene spezifische Klebebeschichtung geben ihm den hautähnlichen Charakter. Dies ermöglicht es dem Tape, ideal mit den Bewegungen des Körpers mitzugehen. Auch in seiner Dicke entspricht das Tape in etwa der oberen Hautschicht. Viele Patienten im Humanbereich berichten, dass sie das Tape bereits nach kurzer Zeit überhaupt nicht mehr wahrnehmen. Auch Pferde tolerieren es problemlos.

Zahlreiche Firmen bieten heute Kinesiologisches Tape in unterschiedlichen Farben an. Das Tape wird immer gleich hergestellt, egal, welche Farbe es hat. Viele Hersteller betonen, dass die Farbe die Wirkweise nicht beeinflusst. Berücksichtigt man allerdings Farblehre und Farbtherapie sowie persönliche Erfahrungen, spielt es doch eine Rolle, welche Farbe für eine bestimmte Tapinganlage verwendet wird. Ausführlichere Informationen dazu sind im Kapitel 4 – Die Farben und ihre Bedeutung – zu finden.

Es taucht immer wieder die Frage auf: Ist Tape gleich Tape? Die Antwort lautet: Jein!

Das Grundprinzip (wie beschrieben) ist immer dasselbe, aber es gibt je nach Anbieter durchaus Unterschiede. Die Baumwolle kann dichter oder lockerer gewebt sein, die Dehnfähigkeit und auch der Acrylkleber – und somit die Haftung auf der Haut/dem Fell – können sich unterscheiden.

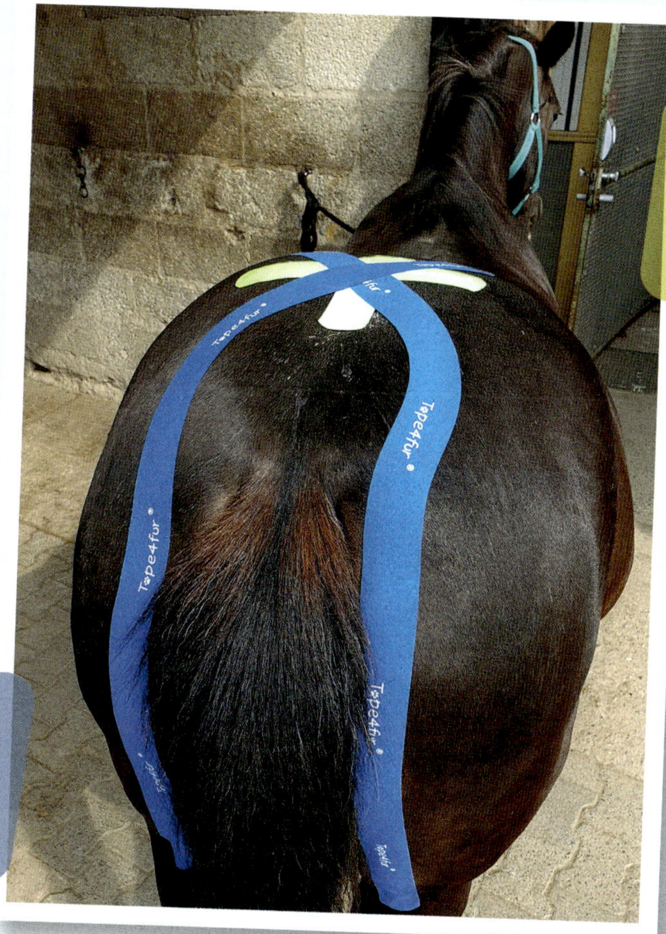

Abb. 2.3: Kombinationsanlage: Ein Dekompressionstape für das Iliosacralgelenk und ein Muskeltape für die Hinterbackenmuskulatur.

Im Humanbereich sind diese Faktoren auch zu berücksichtigen, aber natürlich noch viel stärker im Tierbereich. Hier muss das Kinesiologische Tape »schwere Arbeit« leisten! Auf der Haut haften die meisten Tapes wunderbar. Soll ein Tape auf Fell haften, sieht das schon ganz anders aus. Hier sind noch die Faktoren Schmutz und Staub zu berücksichtigen: Das Pferd wälzt sich im Matsch oder steht im Regen draußen. Mit den Zähnen wird das Fell geschubbert usw.

Aus diesem Grund gibt es inzwischen einige Anbieter, die sich speziell auf Kinesiologisches Tape für Pferde konzentriert haben. Sie arbeiten mit speziellen Acrylklebern, die wesentlich besser haften als die aus dem Humanbereich.

Diese speziellen Tapearten sind zwar etwas teurer, besonders im Vergleich zu Billigangeboten, die man mitunter in Discountern findet, aber Qualität hat auch hier ihren Preis.

Kapitel 3

Kinesiologisches Tape und seine Wirkungsweise

Bevor nun genauer auf die Wirkungsweisen des Kinesiologischen Tapes eingegangen wird, muss noch etwas ganz Wichtiges vorausgeschickt werden: Kinesiologisches Taping ist eine hervorragende Behandlungsmethode, mit der man viel Gutes bewirken kann! ABER: Es ist kein Wundermittel, das für sich alleine alle Probleme löst!
In meiner täglichen tierphysiotherapeutischen Arbeit kommt das Tape sehr häufig zum Einsatz. Ich schätze circa 75 % der vierbeinigen Patienten gehen mit einem bunten Streifen aus der Behandlung.

ABER: Diese Tapes klebe ich immer erst nach der eigentlichen physiotherapeutischen Arbeit auf, um die Wirkung meiner Tätigkeit zu unterstützen, zu verstärken und etwas dauerhafter zu machen. Genauso war es von Dr. Kenzo Kase ursprünglich auch gedacht. Kinesiologisches Taping wirkt viel besser, wenn man die zu beklebende Struktur vorher massiert, gelockert, mobilisiert oder aktiviert hat.

3.1 Allgemeine Wirkung: »Anhebe-Effekt«

Eigentlich beruht die Wirkweise des Kinesiologischen Tapes auf einem einfachen physikalischen Gesetz: Alles, was gedehnt wird, hat das Bestreben, sich wieder zusammenzuziehen. Durch dieses Zusammenziehen des Tapes wird gleichzeitig die Haut/das Fell darunter leicht zusammengezogen und dabei angehoben, wie es deutlich in Abb. 3.1 zu sehen ist. Man spricht von dem klassischen **»Anhebe-Effekt«**.
Dieser Effekt liegt im Normalfall im mikroskopischen Bereich und ist im Humanbereich eigentlich gar nicht zu sehen. In der Abbildung hier wurde absichtlich mit viel Spannung gearbeitet, um ein sichtbares Zusammenschieben darzustellen. **Beim Tier sollte das Fell möglichst immer glatt anliegen!**

Durch den oben erklärten Anhebe-Effekt entsteht Raum in der Gewebeschicht darunter.

Komprimierte Gefäße können sich weiten, dadurch kann dort Blut und Lymphflüssigkeit besser fließen. Somit können gestaute Abbauprodukte leichter abtransportiert werden und frisches Blut und Lymphe leichter nachfließen. Das Resultat ist eine bessere Durchblutung des Gewebes und damit eine bessere Versorgung mit Nährstoffen, Mineralstoffen und Sauerstoff. Dieser Anhebe-Effekt setzt sich Schicht für Schicht auch in tiefer liegende Gewebeschichten fort.

Es ist möglich, tiefer liegende Problematiken zu beeinflussen: Zum Beispiel wird das Dekompressionstape (Sterntape, Schmerzkreuz) häufig bei Pferden im Iliosacralbereich eingesetzt oder bei arthrotischen Veränderungen in Gelenken. Die Arthrose selber ist natürlich ein irreversibler Prozess, den man nicht rückgängig machen kann. Man kann allerdings mit dem Tape die Begleitbeschwerden und Schmerzen der Tiere etwas reduzieren und lindern. Nach Applikation dieser Tapinganlage sieht man oftmals bereits nach wenigen Schritten eine Verbesserung im Gangbild.

Das Anheben der Gewebeschichten durch das Kinesiologische Tape hat vielfältige Auswirkungen auf das Gewebe.

Abb. 3.1: Veranschaulichung des »Anhebe-Effektes« auf Fell. Der mittlere und der linke Streifen wurde dafür mit extrem großer Spannung getapt. Der rechte Tapestreifen zeigt eine normale Spannung, wie sie in der täglichen Praxis gewünscht wird.

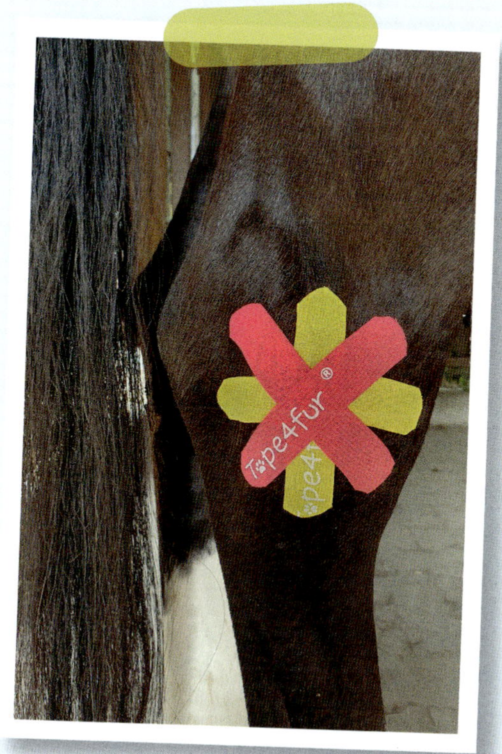

Abb. 3.2: Schmerzkreuz bei Arthrose im Sprunggelenk (die Tapinganlage wurde medial und lateral appliziert).

3.2 Reduzierung von Druck

Ein erhöhtes Gewebevolumen entsteht immer bei entzündlichen Prozessen, Schwellungen und auch bei schmerzhaft verspannten Muskeln. Durch dieses vermehrte Volumen ist der Druck in dem jeweiligen Bereich auf die dort befindlichen Sinnesrezeptoren erhöht. Wie bereits oben beschrieben bewirkt das Kinesiologische Tape ein Anheben des Gewebes, wodurch mehr Platz entsteht. Durch diesen Raumgewinn wird der Druck auf die Entzündungen, die Gefäße sowie die verspannten Muskeln und Sinnesrezeptoren reduziert. Das schafft Linderung.

3.3 Reduzierung von Schmerzen

Wie bereits beschrieben, ist ein verspannter Muskel meist leicht angeschwollen und im Volumen vergrößert. Diese Schwellung verursacht Druck auf die im Gewebe liegenden Schmerzrezeptoren, was zur Folge hat, dass der verspannte Muskel auch noch Schmerzen bereitet. Durch die bereits beschriebene Druckreduzierung auf das Gewebe, lässt auch der Druck auf die Schmerzrezeptoren nach. Auf diese Weise kommt es zu einer Schmerzreduzierung.

3.4 Verbesserung der Zirkulation

Bei Schwellungen in Gelenken, in den Extremitäten oder auch am Rumpf, ebenso bei Hämatomen, besteht ein Flüssigkeitsstau im Gewebe. Durch den »Anhebe-Effekt« des Kinesiologischen Tapes wird mehr Raum in und um diesen gestauten Bereich geschaffen und die angesammelten Flüssigkeiten wie Blut oder Lymphe können besser abfließen, da die Blut- und Lymphgefäße nicht mehr komprimiert werden. Zusätzlich nutzt man die Zugrichtung des Tapes aus, um der gestauten Flüssigkeit eine Richtung zu zeigen, in die sie abfließen kann. Abbauprodukte sowie gestaute Lymphflüssigkeit können somit besser abtransportiert werden. Der Stau wird verringert bzw. aufgehoben und die Blut- und Lymphzirkulation verbessert.

3.5 Unterstützung von Gelenken

Auch verspannte, geschwollene oder blockierte Gelenke erfahren durch die Druckreduzierung eine Verbesserung in ihrer Funktion. Die Beweglichkeit sowie der Bewegungsradius werden positiv beeinflusst.
Durch den hautähnlichen Charakter des Kinesiologischen Tapes, wie in Kapitel 2 beschrieben, kann man mit einer speziellen Anlagetechnik die Gelenke auch stützen. So zum Beispiel das Knie, die Fesselgelenke oder auch die Gelenke der Wirbelsäule (siehe Kapitel 16), ohne dass diese in ihrem Bewegungsradius eingeschränkt werden.

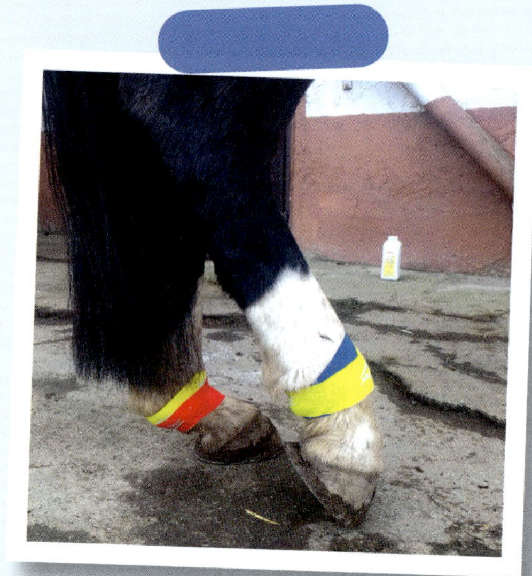

Abb. 3.3: Fesselkopf-Stütztape beidseits bei einem älteren, durchtrittigen Pferd.

3.6 Unterstützung der Muskulatur

Je nach Anlage kann man einen Muskel mit Hilfe des Kinesiologischen Tapes aktivieren oder entspannen und somit den Muskeltonus regulieren. (Dies wird in Kapitel 10 – Muskeltaping – näher beschrieben.) Durch die Richtung, in der das Tape aufgebracht wird, und die damit entstehende Zugrichtung, kann man die Muskelkontraktion oder Muskelrelaxation unterstützen.
Zusätzlich kommt es zu einer Verbesserung des Blutflusses im getapten Bereich und dadurch auch zu einer besseren Versorgung des Muskels mit Nährstoffen, Mineralstoffen und Sauerstoff, was sich positiv auf die Muskeltätigkeit auswirkt.

3.7 Verbesserung der Körperwahrnehmung (Propriozeption)

Propriozeption ist die Wahrnehmung des Körpers im Raum. Das bedeutet: Wenn ich die Augen schließe und mit geschlossenen Augen meinen Arm bewege, weiß mein Gehirn mit Hilfe spezialisierter Sinneszellen (Propriozeptoren) in Muskeln, Faszien, Sehnen und Bändern immer noch, wo mein Arm gerade ist und was er macht. Wenn ich z.B. mit geschlossenen Augen versuche, mit meinem Zeigefinger meine Nasenspitze zu berühren, wird dies beim ersten Anlauf funktionieren. Vielleicht landet der Finger etwas neben der Nase. Der Körper weiß also, wo der Arm ist, wo die Nase ist und was der Arm tun muss, damit der Finger zur Nase kommt. Wiederhole ich diesen Vorgang, wird der Bewegungsablauf bei jedem Mal zielsicherer, die Propriozeption mit jedem Versuch besser.

Diese Wahrnehmung verdanken wir den Propriozeptoren. Dies sind spezialisierte Sinneszellen, die mehrheitlich direkt in der Unterhautfaszie und rund um die Haarwurzeln sitzen. Die Propriozeptoren geben ständig Rückmeldung an das Gehirn über den Gewebezustand, dessen Spannung und Spannungsänderung. Da sich die oberflächlichen Faszien und deren Propriozeptoren sowie auch Mechanorezeptoren sehr dicht unter der Haut befinden, kann man mit Hilfe des Kinesiologischen Tapes die Körperwahrnehmung ansprechen und dementsprechend verbessern.

Jede Tapinganlage hat einen Einfluss auf die Körperwahrnehmung, aber auch hier gibt es spezielle Anlagetechniken, mit denen man die Propriozeption gezielt ansprechen kann. Mehr dazu im Kapitel 20 – Propriozeptionstaping.

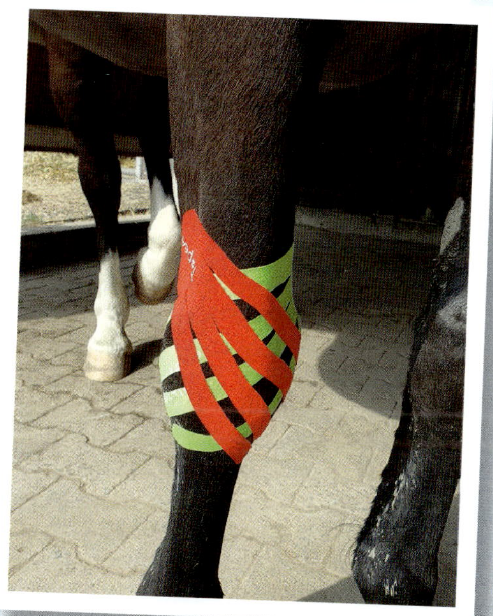

Abb. 3.4: Propriozeptionstape am Karpalgelenk zur Aktivierung der Vorhandtätigkeit.

Beispiel für die Verbesserung der Körperwahrnehmung:

Bei einem Tapingkurs wurde mir ein Pferd vorgestellt, das ständig mit den Zehen der Vorhand schliff, obwohl keine muskuläre oder knöcherne Ursache dafür vorlag. Nach Applikation eines Propriozeptionstapes berichtete die Besitzerin noch am selben Abend, dass das Pferd nicht mehr mit den Zehen schleifen und auch nicht mehr an der kleinen Kante zwischen Box und Paddock anstoßen würde.

Kapitel 4

Die Farben und ihre Bedeutung

Abb. 4.1: Kinesiologische Tapes gibt es in einer großen Farbauswahl.

Kinesiologische Tapes werden inzwischen von vielen verschiedenen Herstellern angeboten. Jeder Hersteller hat seine ganz persönliche Farbpalette.
Produktionstechnisch gibt es zwischen den verschiedenen Farben einer Marke keinerlei Unterschiede in der Fertigung und somit in der Wirkung. Innerhalb einer Marke sind die Kinesiologischen Tapes identisch. Gleiches Baumwollgewebe, gleiche Faserdicke, identischer Kleber und identische Kleberaufbringung. Der einzige Unterschied liegt im Farbpigmentstoff.

Warum wird das Tape dann überhaupt in unterschiedlichen Farben hergestellt? Wäre die Farbe bedeutungslos, wäre es vollkommen ausreichend, eine einzige Farbe zu produzieren, zumal viele Produzenten selbst der Farbe keinerlei Wirkung zusprechen.
Auf Herstellerseite hat eine breite Farbpalette meistens etwas mit Marketing zu tun, denn der Kunde fühlt sich besser angesprochen, wenn er eine Auswahlmöglichkeit hat und zwischen verschiedenen Farben wählen kann. Dennoch glauben viele (vor allem ganzheitlich und energetisch arbeitende) Tiertherapeuten, dass es durchaus Unterschiede in der Wirkung gibt und dass die Farbe einen Einfluss auf den Organismus hat.
Schon in der Antike wurde in der Heilkunde mit Farben experimentiert. Kranke wurden mit farbigen Pasten bestrichen oder in farbige Tücher eingewickelt. Auch Johann Wolfgang

von Goethe beschäftigte sich in seinen Schriften mit Farben und deren Wirkung. Und nicht umsonst gibt es heute die Farbtherapie.

Abb. 4.2: Das Farbspektrum von Infrarot bis Ultraviolett.

Physikalisch gesehen gibt es ein klar definiertes Farbspektrum: von infrarot bis ultraviolett. Jeder Farbbereich hat seine spezifische Wellenlänge mit einem definierten Nanometer-Bereich: so liegt Blau z.B. bei 450 nm und Rot bei 710 nm. Außerdem hat jede Farbe eine eigene Frequenz im Terra-Hertz-Bereich: Blau hat eine Frequenz von 650 THz und Rot liegt bei 420 THz. Aufgrund eben dieser unterschiedlichen Wellenlängen und Frequenzen ist eine physikalisch unterschiedliche Auswirkung der Farben auf die Körperzellen durchaus wahrscheinlich.

Beispiel zur Wirkung der Farbe des Kinesiologischen Tapes:

Zu Beginn meiner Tapingaktivitäten hatte ich mir über die Farblehre und die Wirkung von Farben noch keinerlei Gedanken gemacht. Bei der Behandlung eines Pferdes mit starken Rückenverspannungen hatte ich ein rotes Tape gewählt, da mir die Farbe einfach gut gefiel. Die Anlage hielt prima am Pferd und die Rückenschmerzen wurden deutlich weniger.
Bei einer weiteren Behandlung wählte ich ein blaues Tape, da das Pferd männlich war und ich diese Farbe passend fand. Zu meiner Überraschung klebte das blaue Tape überhaupt nicht. Auch nach wiederholtem gründlichem Putzen des Fells klebte es nicht. Eine zweite Rolle des blauen Tapes brachte das gleiche Ergebnis. Ich griff erneut zum roten Tape und (alles vom selben Hersteller) und die Anlage hielt perfekt.
Laut Farblehre hat Blau eine kühlende und Rot eine wärmende Wirkung. Da man auch im Humanbereich muskuläre Verspannungen mit Wärmekissen, Rotlicht und/oder Fango behandelt, wollte der verspannte Rückenmuskel des Pferdes wohl auch wärmendes rotes Tape und nicht kühlendes blaues.

Heutzutage habe ich acht Farben zur Auswahl dabei (rot, gelb, grün, blau, pink, türkis, lila und schwarz). Ich frage meistens die Besitzer meiner vierbeinigen Patienten, welche Farbe sie gerne für ihr Tier hätten. Vielen Tierbesitzern ist die Farbe egal und sie überlassen mir die Auswahl. Oftmals wählen die Besitzer die Farbe, die ich gemäß Farblehre auch ausgewählt hätte.

Die Tapefarben im Überblick:

4.1 Rot

Rot ist eine der drei Primärfarben (Grundfarben) der Farbenlehre. Rot entsteht nicht durch Mischung anderer Farben. Rot wirkt vor allem dynamisch, belebend und anregend. Es steigert die Energie, die Vitalität, die Durchblutung und die Aktivität. Es wirkt positiv auf das sensorische Nervensystem und den Stoffwechsel. Rot wärmt.
Physikalische Daten: Wellenlänge 640–780 nm, Frequenz 470–380 THz

4.2 Gelb

Gelb gehört ebenfalls zu den drei Primärfarben. Gelb wirkt anregend und wärmend, aber nicht ganz so stark wie rot. Es sammelt und harmonisiert die Energie und wirkt positiv auf Drüsen und das Lymphsystem. Die Farbe Gelb fördert die Funktion von inneren Organen, wie Leber, Milz, Gallenblase, Magen und Darm.
Physikalische Daten: Wellenlänge 570–600 nm, Frequenz 530-500 THz

4.3 Blau

Blau ist die dritte Primärfarbe und wirkt entspannend und beruhigend auf eine kühlende Art und Weise. Blau sorgt für körperliche Entspannung, Stressreduktion und senkt den Blutdruck. Durch seine kühlende und antiseptische Wirkung kommt es häufig bei Fieber, Entzündungen oder Sonnenbrand zum Einsatz.
Physikalische Daten: Wellenlänge 430–490 nm, Frequenz 700–610 THz

Abb. 4.3: Blaues Hämatomtape bei einem stark angeschwollenen Insektenstich.

4.4 Pink/Rosa

Pink ist eine Sekundärfarbe und eine Abstufung von Rot. Je nach Helligkeit des Farbtons wird Pink eine besänftigende Wirkung zugesprochen. Sie soll zu innerer Ruhe und Gelassenheit führen und die Stimmung aufhellen. Ähnlich wie beim Farbton Rot ordnet man der Farbe Rosa/Pink eine Energie zuführende Wirkung zu.
Physikalische Daten: Rosa/Pink ist im klassischen Farbspektrum nicht angelegt und wird am ehesten dem ultravioletten Bereich zugeordnet. Wissenschaftlich lässt sich nur schwer eine genaue Wellenlänge und Frequenz zuordnen.

4.5 Grün

Grün ist eine Sekundärfarbe und entsteht durch das Mischen der zwei Primärfarben Gelb und Blau. Man sagt ihr die größte heilende und regenerierende sowie entspannende Wirkung nach. Grün wirkt ausgleichend, harmonisierend bzw. neutralisierend und beruhigend. Es wird auch oft als DIE Heilfarbe bezeichnet!
Physikalische Daten: Wellenlänge 490–570 nm, Frequenz 610-530 THz

4.6 Violett/Lila

Violett entsteht bei der Mischung von Rot und Blau und ist somit auch eine Sekundärfarbe. In der Wirkung ist es oft umstritten, was eben aus der Mischung der Gegensätze Rot und Blau hervorgehen mag. Je nach Schattierung kann es harmonisieren und beruhigen, aber auch Energie spendend wirken. Lila fördert die Konzentration.
Physikalische Daten: Wellenlänge 380–430 nm, Frequenz 790–700 THz

4.7 Türkis

Türkis ist eine Sekundärfarbe und entsteht beim Mischen von Grün und Blau. Es soll das Immunsystem stärken und den Stoffwechsel anregen sowie gegen Entzündungen helfen. Auch auf die Wundheilung soll Türkis sich positiv auswirken.
Physikalische Daten: Wellenlänge 500–520 nm, Frequenz liegt um die 600 THz

4.8 Schwarz

Schwarz ist im Rahmen des Lichtspektrums keine Farbe (mit einer bestimmten Wellenlänge), sondern ein Zustand des Auges! Wenn kein Licht ins Auge fällt, wirkt es Schwarz.

Gemäß physikalischer Definition ist Schwarz die Abwesenheit von Farbe. Schwarz entzieht Energie und sollte deshalb niemals bei Erschöpfungszuständen angewendet werden.
Physikalische Daten: Da es keine Farbe ist, kann Schwarz auch keiner bestimmte Wellenlänge bzw. Frequenz zugeordnet werden.

Ich setze schwarzes Kinesiologisches Tape meist als Anker zur Sicherung der eigentlichen Tapinganlage ein. Es hat keine Funktion, sondern soll nur eine zusätzliche Sicherung der Anlage sein.

Gelegentlich kommt schwarzes Tape aber auch zum Einsatz, wenn ich ein Tier habe, das auf einem sehr hohen, um nicht zu sagen zu hohem, energetischem Niveau ist. Nervöse, zappelige, überdrehte und überreizte Tiere werden bei mir gezielt mit schwarzem Kinesiologischem Tape behandelt, um diese energetisch »abzuholen« und »runterzufahren«!

Ob man nun die Farblehre berücksichtigt oder nicht, bleibt natürlich jedem selber überlassen. Ich kenne Kollegen, vor allem Tierheilpraktiker, für die die Farbauswahl ganz entscheidend ist bei einer Tapinganlage. Aber ich kenne auch Kollegen, für die Farben keine Rolle spielen und die zum Beispiel alles in Pink tapen, weil es ihre Lieblingsfarbe ist. Das muss jeder für sich selbst entscheiden. Ich persönlich gehe da meist nach dem Gefühl: So wird bei mir ein Muskeltape auf einem hochgradig verspannten Muskel eigentlich immer mit rotem Tape beklebt. Rot wärmt laut der Farblehre. Über die Wärme wird dem verkrampften Muskel wieder Energie zugeführt, was er wiederum zur Regeneration benötigt. Ein Sehnentape hingegen wird meistens blau. Da der Farbe Blau eine kühlende Wirkung nachgesagt wird und Sehnen eher Kühlung benötigen.

Abb. 4.4: Verschiedene Anbieter führen mehrere Farben in ihrer Produktpalette.

Kapitel 5

Indikationen für Kinesiologisches Taping bei Pferden

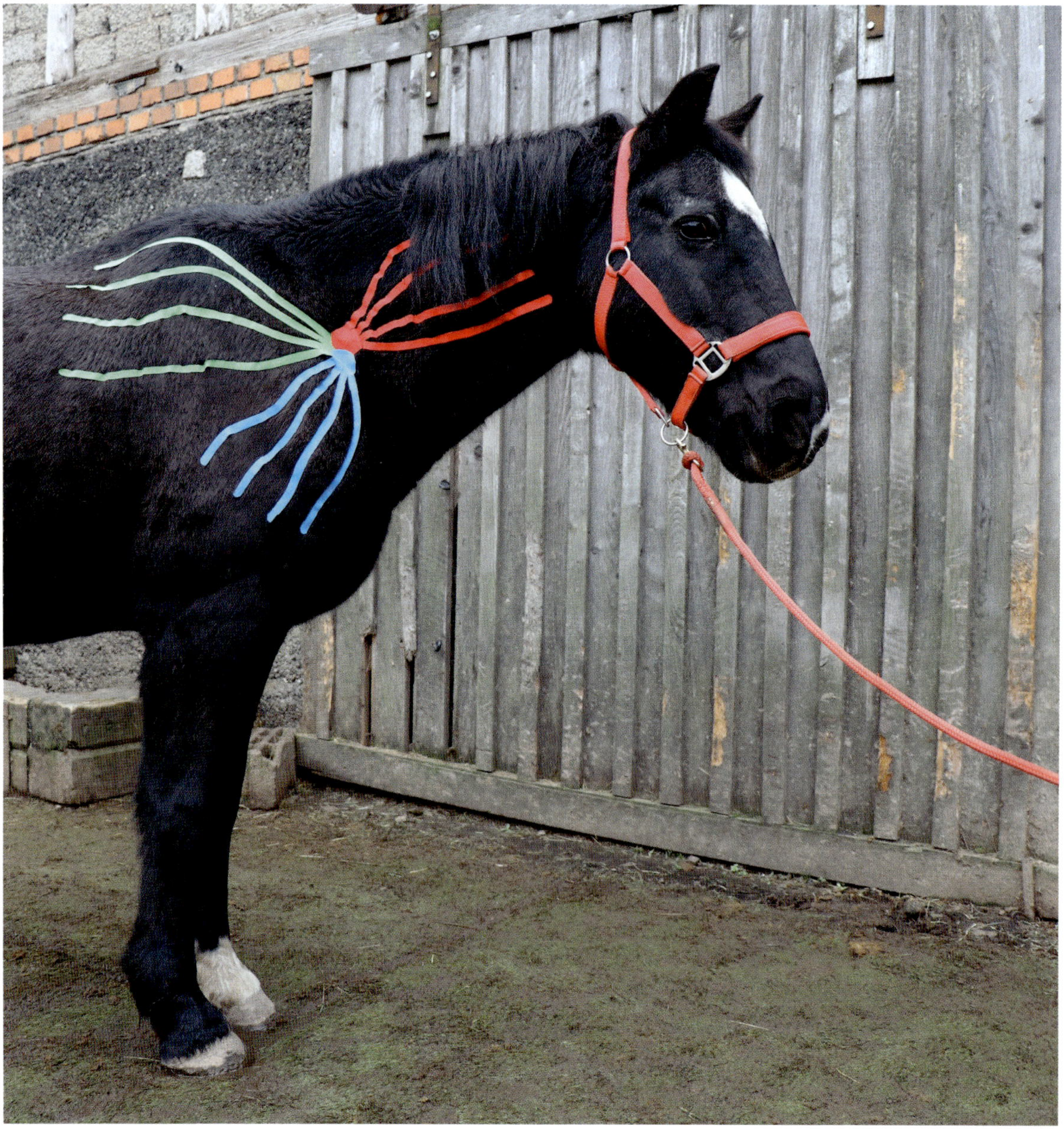

Nachdem auf den letzten Seiten die Wirkungsweise des Kinesiologischen Tapes erklärt wurde, wird im Weiteren erläutert, bei welchen Krankheitsbildern und Indikationen das Kinesiologische Tape sinnvoll anzuwenden ist.

5.1 Allgemein

Anlagen mit Kinesiologischem Tape können sehr hilfreich sein bei Ermüdungserscheinungen, nach harter Arbeit, nach anstrengendem Training oder sportlichem Einsatz, wie beispielsweise mehreren Turniertagen. Durch seine durchblutungsfördernde Wirkung unterstützt das Tape unter anderem die Regeneration der Muskulatur nach Belastung. Da das Tape die Propriozeptoren anspricht, können außerdem die Körperwahrnehmung und die Balance gefördert werden. Durch die den Kreislauf anregende Wirkung kann es Rehabilitationszeiten verkürzen. Aufgrund seines hautähnlichen Charakters gibt das Tape dem Gewebe noch eine zusätzliche »Schicht« und damit, je nach Tapinganlage, mehr Stabilität.
Man kann Kinesiologisches Tape aber auch vorbeugend einsetzen: zum Beispiel Sehnentapes bei vermehrtem Training, um dem Gewebe mehr Halt zu geben und Sehnenschäden vorzubeugen. Ebenso kann man bestimmte Muskelpartien unterstützend im Training tapen, um den Muskel während des Reitens noch besser ansprechen zu können.

5.2 Muskuläre Probleme

Je nach Belastung (oder auch aufgrund fehlender Belastung) kann die Muskulatur hyperton oder hypoton, atroph oder hypertroph sein. (Definitionen siehe Kapitel 9.1)
Die Muskulatur kann im Hartspan oder Spasmus sein. Mit Hilfe des Kinesiologischen Tapes und des »Anhebe-Effektes« werden die Blutgefäße, die die Muskulatur versorgen, wieder weit gestellt. Damit wird die Muskulatur besser durchblutet und kann sich schneller regenerieren. Je nach Anlagerichtung eines Muskeltapes und der damit verbundenen Zugrichtung des Tapes kann man hypertone Muskulatur entspannen oder hypotone anregen und aktivieren. Mehr dazu im Kapitel 10 – Muskeltaping.

5.3 Fasziale Probleme

Nicht nur muskuläre Spannungen können mit dem Kinesiologischen Tape abgebaut und reguliert werden, sondern auch Spannungen in den oberflächlichen Faszien. Die Faszien umhüllen das Muskelgewebe und die Organe. Neigen diese Faszien zu Verklebungen, können sie die Funktion des darunterliegenden Gewebes stören. Mit speziellen Tapingtechniken werden die oberflächlichen Faszien angesprochen, die die Muskeln umhüllen. Diese Faszientapes unterstützen die Reorganisation der Faszien und helfen mit, deren Beweglichkeit wieder herzustellen. Mehr dazu im Kapitel 11 – Faszientaping.

5.4 Arthrose

Arthrose ist heutzutage leider ein sehr häufiges Problem bei Pferden. Genetisch bedingte Wachstumsstörungen, erworbene Fehlhaltungen und -belastungen oder auch Übergewicht und damit Überlastung des knöchernen Bewegungsapparates können zu einem degenerativen Ab- und Umbau an den Knochen und Gelenken führen. Die Arthrose selber kann das beste Tape nicht rückgängig machen, aber es kann die Begleitbeschwerden lindern. So kann ein Muskeltape die entsprechende Muskulatur anregen, die den betroffenen Bereich umgibt. Ein Dekompressionstape kann durch seine stark entlastende Wirkung den Druck aus dem Gewebe bzw. dem Gelenk nehmen und somit die Schmerzen lindern.

Abb. 5.1: Dekompressionstape bei Arthrose des Karpalgelenkes.

5.5 Schwellungen

Bei angelaufenen Beinen, beispielsweise nach Operationen oder Verletzungen, einem Bluterguss oder einem Lymphstau, regt das Kinesiologische Tape die Zirkulation an, wodurch Schwellungen verringert und abgebaut werden können. Durch den Anhebe-Effekt sowie die Zugrichtung des Kinesiologischen Tapes wird der Abfluss von Flüssigkeiten und Stoffwechsel-Abbauprodukten angeregt und unterstützt. Ausführliche Infos gibt es in den Kapiteln 14 – Lymphtaping – sowie 15 – Hämatomtaping.

5.6 Gelenkinstabilität

Durch die gehaltene Spannung bestimmter Anlagetechniken unterstützt Kinesiologisches Tape die Stabilität der Gelenke, ohne diese in ihrem Bewegungsausmaß einzuschränken. Das Tape liegt wie eine zweite Haut am Gelenk an und gibt ihm somit einen zusätzlichen Halt, ohne es zu komprimieren. So kann es bei Instabilitäten in den Gelenken der Wirbelsäule sowie der Extremitäten sehr hilfreich sein. Mehr dazu in Kapitel 13 – Stabilisierungstaping.

5.7 Triggerpunkte

Mit Hilfe der dekomprimierenden Wirkung des Kinesiologischen Tapes können auch lokal verhärtete Areale in der Muskulatur eine Entlastung erfahren, eventuell sogar gelöst werden bzw. deren Lösung unterstützt werden. Alle Tapinganlagen haben eine dekomprimierende Wirkung, aber die größte Wirkung erreicht man durch das Dekompressionstaping und die Überlagerung multipler Tapestreifen über einem bestimmten Punkt. Dies wird ausführlich Schritt für Schritt in Kapitel 12 – Dekompressionstaping – erklärt.

5.8 Narbengewebe

Das oftmals unelastische und starre Narbengewebe wird durch die Zugrichtung des Kinesiologischen Tapes entlastet und zum Nachgeben angeregt. Durch den »Anhebe-Effekt« wird der Bereich rund um die Narbe vermehrt mit Nährstoffen und Sauerstoff versorgt. Allerdings ist es oft ein recht langwieriger Prozess, bis sich das Narbengewebe wieder geschmeidiger und mobiler zeigt. Gerade bei älteren Narben ist daher eine häufige Wiederholung des Narbentapes angesagt. Eine ausführliche Beschreibung des Narbentapings findet man in Kapitel 17.

5.9 Sehnenschäden, Stauchungen/ Zerrungen in den Extremitäten

Leider sind Sehnenschäden und Verletzungen ein häufig auftretendes Problem bei unseren vierbeinigen Partnern. Es muss nicht unbedingt übermäßiger sportlicher Einsatz sein, der dazu führt. Auch das Herumtoben mit den Artgenossen auf der Koppel kann zu Überdehnungen und Zerrungen, bis hin zum Sehnenabrissen führen. Auch in solch einem Fall unterstützt die durchblutungsfördernde Wirkung des Kinesiologischen Tapes den Regenerationsprozess. Durch die Zugrichtung erfährt die Sehne eine Entlastung nach der Überdehnung. Das geschädigte Gewebe wird durch die Tapinganlage vermehrt mit Sauerstoff und Nährstoff versorgt, was für die Regeneration der geschädigten Sehne hilfreich ist.
Bei empfindlichen oder durchtrittigen Pferden empfiehlt es sich, das Sehnentape auch präventiv im Training einzusetzen. Mehr zum Thema Sehnentaping kann man im Kapitel 16 nachlesen.

5.10 Schmerzen

Generell wirkt jede Tapinganlage schmerzlindernd durch den »Anhebe-Effekt« und den damit einhergehenden Raumgewinn im Gewebe, den Abfluss von Abbauprodukten und die Druckminderung von den Schmerzrezeptoren. Die größte schmerzlindernde Wirkung hat das Dekompressionstaping (siehe Kapitel 12) – das nicht umsonst den Beinamen Schmerzkreuz trägt.

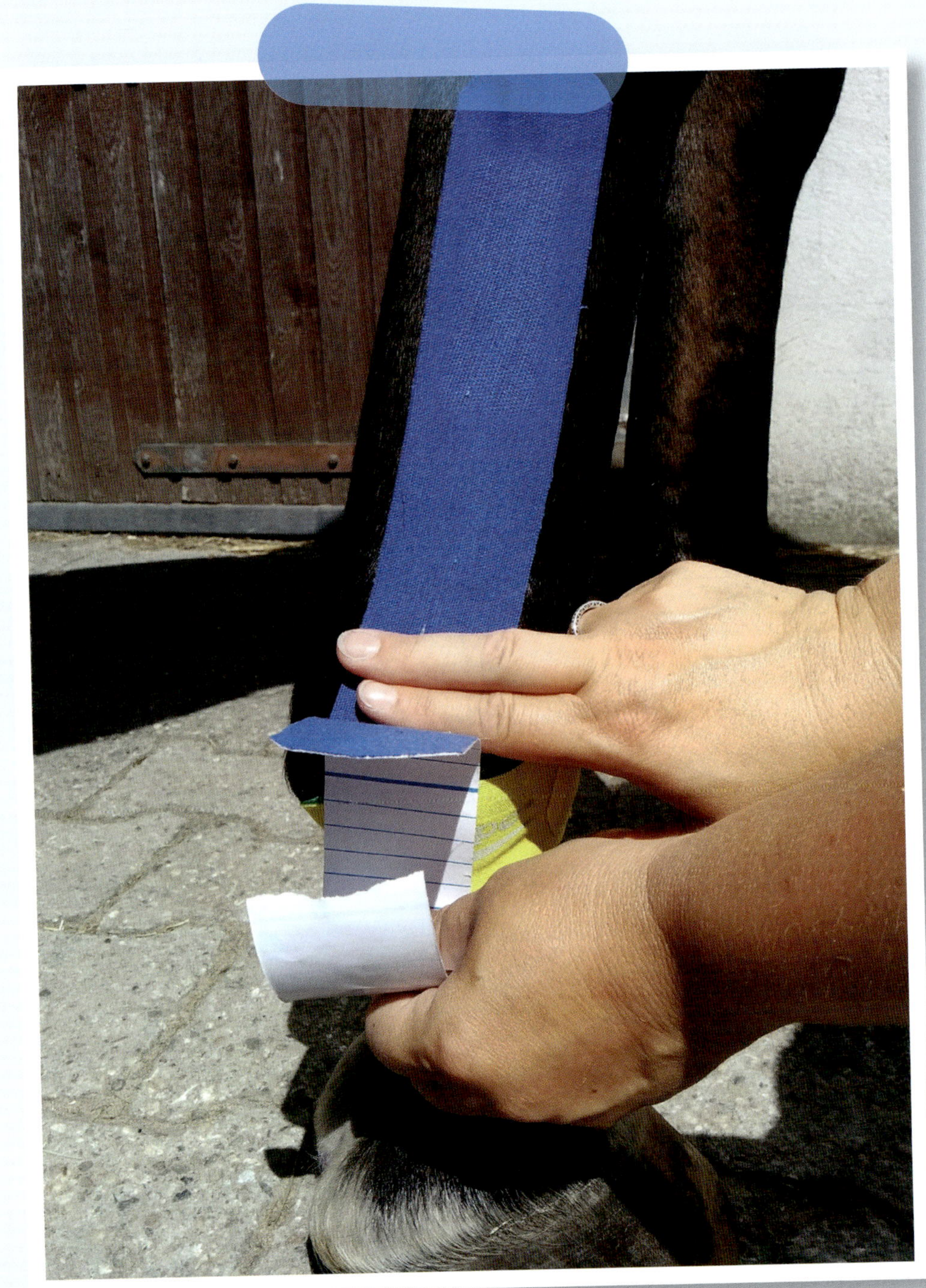

Abb. 5.2: Applikation eines Sehnentapes für die tiefe Beugesehne.

5.11 Eingeschränkte Körperwahrnehmung

Es gibt sehr viele Pferde, die eine bevorzuge Diagonale haben, die sie belasten. Zum Beispiel rechte Vorhand – linke Hinterhand. Dies ist nicht weiter ungewöhnlich, es ist genauso wie bei uns Menschen, die wir Rechts- oder Linkshänder sind. In einigen Fällen nimmt diese Belastung aber Überhand und es kommt zu einer Überlastung dieser Diagonalen. Bevor es soweit kommt, hilft ein unterstützendes Propriozeptionstape (siehe Kapitel 20), um die Körperwahrnehmung des Tieres wieder auf die andere Diagonale – bzw. eine andere Extremität – zu lenken und ein Gleichmaß im Körper herzustellen.

5.12 Trainingsunterstützung

Wie schon erwähnt, kann man bestimmte Tapinganlagen auch vorbeugend bzw. unterstützend während des Trainings einsetzen. Muskeltapes zum Beispiel, um im Training bestimmte Muskeln gezielter anzusprechen, oder auch Sehnentapes, um schwache und anfällige Sehnen während des Reitens besser zu unterstützen. Poloteams in den USA zum Beispiel applizieren nur während des Polotrainings Sehnentapes und haben seitdem deutlich weniger Sehnenschäden bei den Poloponys zu verzeichnen.

Abb. 5.3: Muskeltapes der Hinterbackenmuskulatur während des Trainings zur Unterstützung der Muskel- und Hinterhandtätigkeit.

Kapitel 6

Kontraindikationen für Kinesiologisches Taping bei Pferden

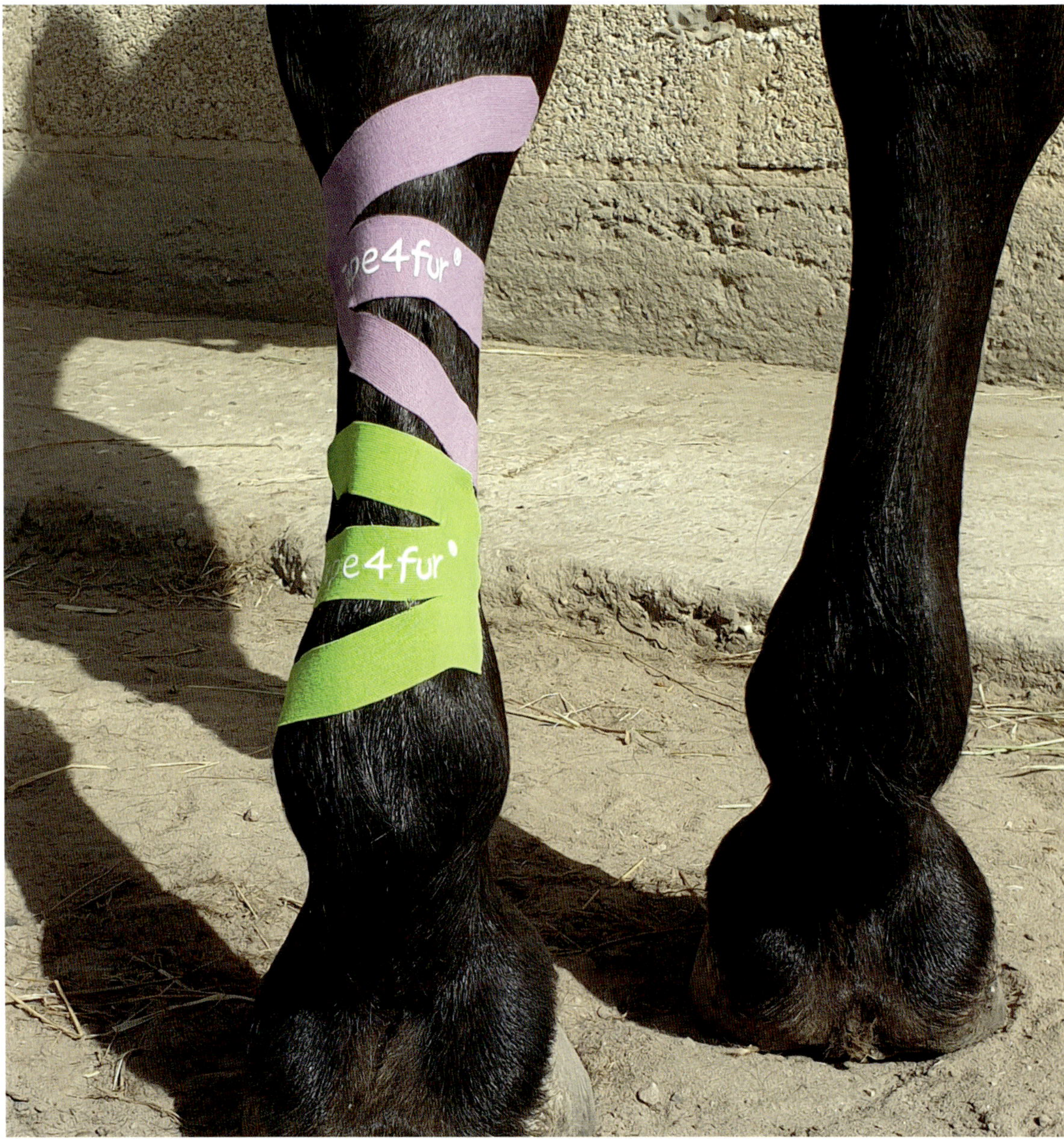

Wie bei fast allen physiotherapeutischen Behandlungsmethoden am Pferd gibt es natürlich auch für das Kinesiologische Taping einige Krankheitsbilder und Indikationen, bei denen von der Anwendung abzuraten ist.

6.1 Hauterkrankungen

Bei Hauterkrankungen, wie z.B. einem Hautpilz, sollte man es vermeiden, Kinesiologisches Tape aufzubringen. Das Risiko, den Pilz weiter zu verbreiten, wäre dabei zu hoch. Zum einen könnte der Pilz unter dem Tape weiterwandern und sich die betroffene Region dadurch noch vergrößern. Zum anderen besteht das Risiko, dass der Therapeut selber durch Haut-Fell-Kontakt oder Tape-Fell-Kontakt Pilzsporen oder andere Krankheitserreger mitnimmt und eventuell auf andere Körperbereiche, wenn nicht sogar andere Patienten, überträgt. Natürlich kommen Pilzsporen überall vor, aber man muss deren Verteilung nicht noch Vorschub leisten. Hände und Schere kann man nach der Behandlung reinigen, die Taperolle nicht! Da man die Rolle aber direkt an den vierbeinigen Patienten und dessen Fell halten muss, um die entsprechende Länge auszumessen, lässt sich der Kontakt der Taperolle mit dem Patienten nicht vermeiden.

6.2 Offene Wunden

Auf offenen Wunden ist von Kinesiologischem Taping abzusehen. Auf Wundflüssigkeit, Blut und offen liegendem Fleisch würde sowieso kein Tape halten, außerdem würde die Wundheilung negativ beeinflusst. Durch das Taping wird die Durchblutung angeregt, was zu vermehrter Narbenbildung oder wildem Fleisch führen könnte. Sobald eine Wunde vollständig geschlossen und der Grind von alleine abgefallen ist sowie Fäden gezogen wurden, kann man ein Narbentaping in Erwägung ziehen.

6.3 Fieber

Die meisten physiotherapeutischen Behandlungsmöglichkeiten sind darauf ausgerichtet, den Kreislauf und somit den Blutfluss anzuregen. Dies gilt auch für das Kinesiologische Taping. Der Körper braucht in einem Fieberfall für die eigene Immunabwehr seine gesamte Energie. Bei Fieber sollte man daher von physiotherapeutischen Behandlungen und Tapinganlagen absehen und gegebenenfalls den Tierarzt kontaktieren. Nach erfolgreicher Behandlung und sobald der Patient fieberfrei ist, kann ein erneuter Anlauf zur physiotherapeutischen Behandlung und/oder Taping unternommen werden.

6.4 Lokale Infektionen

Ein Einschuss ist beim Pferd nichts Ungewöhnliches. Ein kleiner Kratzer, eine winzige Verletzung und das ganze Bein läuft dick an, die Stelle entzündet sich und ist heiß. In solch einem Fall könnte sich ein Lymphtape durchaus bewähren. Solange der geschwollene Bereich noch durch die Infektion warm ist, darf der Bereich allerdings nicht getapt werden! Durch die zirkulationsfördernde Eigenschaft des Tapes besteht die Gefahr, dass man damit den Infektionserreger noch weiter im Körper verbreitet und sich die Situation verschlimmert. Nach vollständig abgeklungener Infektion kann es bei einer Restschwellung durchaus hilfreich sein, diesen Bereich mit einem Lymphtape zu versorgen.

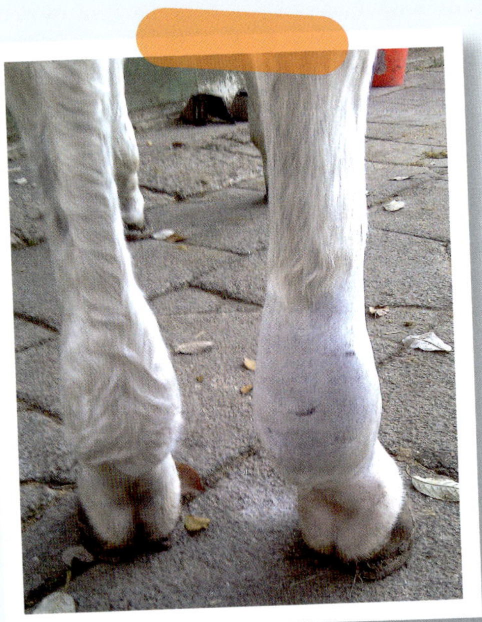

Abb. 6.1: Einschuss rund um das Fesselgelenk der rechten Hinterhand.

6.5 Trächtigkeit

Im Humanbereich werden inzwischen häufig Schwangere getapt, um das gedehnte und strapazierte Bindegewebe zu unterstützen. Die Frauen können das Kinesiologische Tape sofort selber entfernen, wenn sie merken, dass es ihnen nicht guttut. Das ist bei Pferden nur bedingt der Fall, weswegen bei trächtigen Stuten davon abzusehen ist. Man kann nie genau vorhersagen, wodurch Kontraktionen und vorzeitige Wehen ausgelöst werden können. Aus diesem Grund ist vom Taping im Rumpfbereich der Stute während einer Trächtigkeit abzusehen.

6.6 Koliken

Koliken sind ein Fall für den Tierarzt! Physiotherapeutische Behandlungen und auch Taping sind da fehl am Platz. Als Besitzer hat man das Bedürfnis, dem Tier zu helfen und etwas gegen seine Schmerzen zu unternehmen, aber die Symptome sollten nicht durch eine schmerzlindernde Tapinganlage verdeckt werden. Der Tierarzt wird es einem nicht danken und das Pferd auch nicht, wenn es doch zu einem Klinikaufenthalt kommt. Zudem glaube ich, dass die meisten Pferde eine Tapinganlage bei solch akuten Schmerzen nicht tolerieren würden.

6.7 Bösartige Tumore

Wie bereits erläutert hat das Kinesiologische Tape unter anderem eine durchblutungsför-

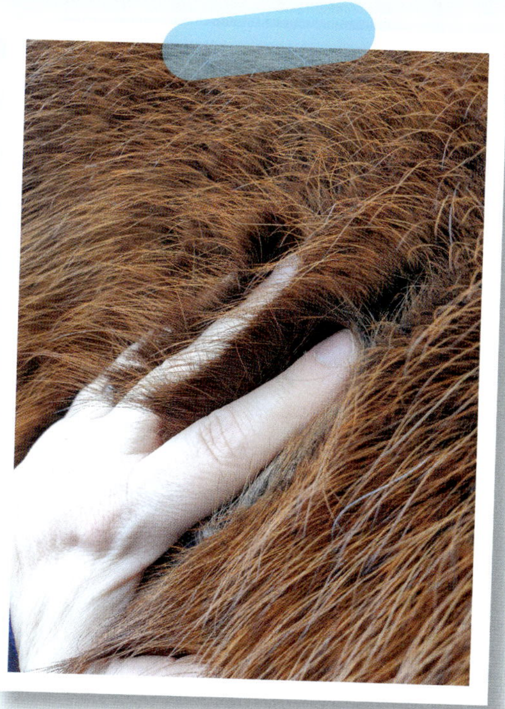

Abb. 6.2: Langes Winterfell zu tapen ist eine Herausforderung. Die Wirkung wird bei solch einem Fell vermindert.

dernde Wirkung. Dies kann sich bei bösartigen Tumoren negativ auswirken. Es kann zu einer Wachstumsförderung und Verbreitung des Tumors im Körper führen. Bekannte bösartige Tumore sind somit eine absolute Kontraindikation!

6.8 Unverträglichkeit

Auch wenn ich es bislang in meiner jahrelangen Praxis noch nicht erlebt habe, kann es unter Umständen zu Unverträglichkeitsreaktionen gegenüber dem Tape bzw. dem Acrylkleber kommen. In diesem Fall bitte das Tape sofort vom Fell entfernen und die betroffene Stelle mit reichlich warmem Wasser abwaschen.

6.9 Länge des Fells

Je kürzer das Fell ist, umso besser ist der Effekt des Kinesiologischen Tapings. Gute Tapes, die speziell für den Tierbereich entwickelt wurden, haften auch problemlos auf längerem Fell. Wenn man sich aber beispielsweise einen Isländer mit seinem langen, dicken Winterfell vorstellt, ist es fraglich, wie viel von dem Anhebe-Effekt noch an der Haut ankommt. Ein Warmblut mit »normalem« Winterfell stellt da kein Problem dar.

Kapitel 7

Vorbereitung von Pferd und Fell

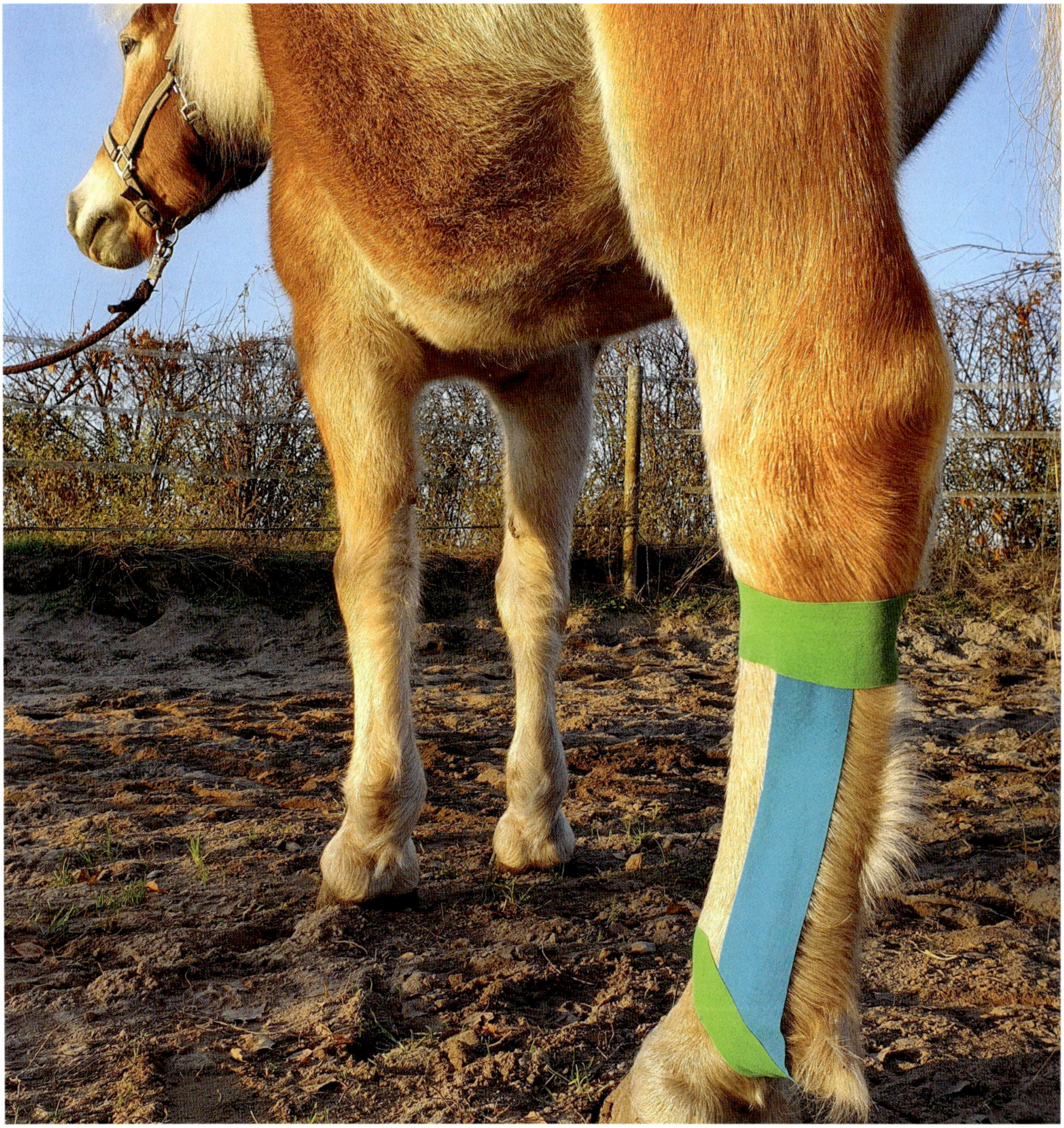

7.1 Allgemein

Das Pferd muss sauber sein, das ist das allerwichtigste. Auf Dreck und Staub haftet das Tape nicht. Das bedeutet, dass das Pferd vor der Behandlung gründlich geputzt werden sollte, um es von Staub, Sand & Co. zu befreien.
Waschen sollte man das Pferd allerdings nicht direkt vor der Behandlung, da auf dem feuchten Fell kein Tape haften kann. Selbst Tage mit sehr hoher Luftfeuchtigkeit und/oder starkem Regen erschweren das Taping.
In den zu tapenden Bereichen sollte kein Fliegen- und Glanzspray aufgebracht werden. Diese Sprays haben unter anderem eine glättende Wirkung, Kinesiologisches Tape hält auf eingesprühtem Fell so gut wie nicht. Das merkt man sofort, da sich das Tape direkt aufrollt. Sobald die Tapinganlage steht, kann Fliegenspray auch über dem Tape aufgesprüht werden.

Abb. 7.1: Das Pferd sollte trocken und sauber sein, um eine gute Haftung des Tapes zu gewährleisten.

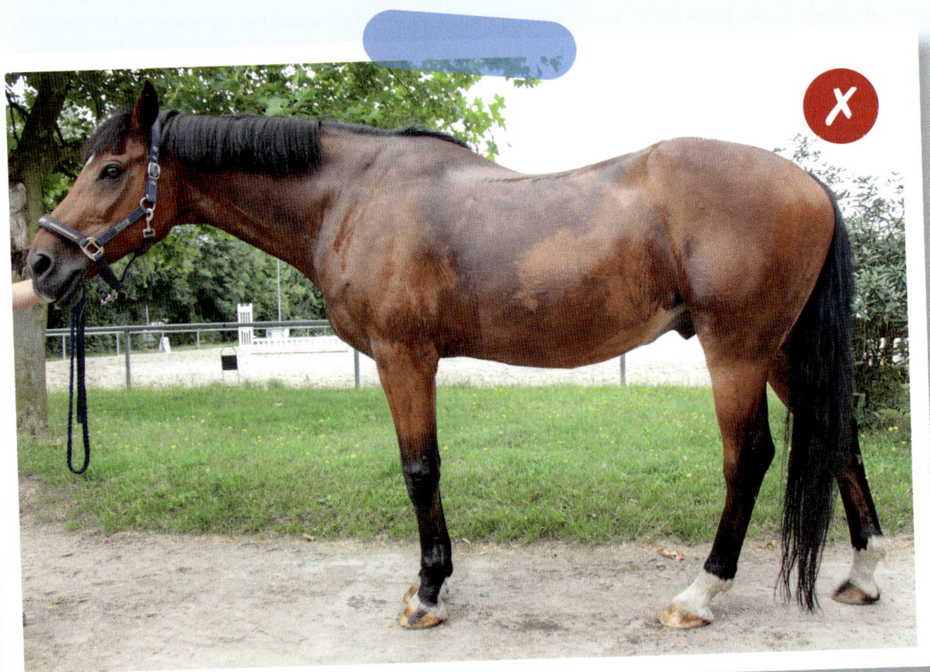

Abb. 7.2: Auf nassem Fell klebt leider gar kein Tape. Eine Anlage ist in so einem Fall nicht möglich.

7.2 Hilfsmittel und Tricks

7.2.1 Scheren

Ich werde häufig gefragt, ob man das Pferd vor dem Tapen scheren sollte. Das kann man machen, muss man aber nicht. Die speziell für Pferdefell entwickelten Tapes halten sehr gut, selbst auf Winterfell. Bei Shetland- oder Islandponys mit extrem dickem und vor allem langem Winterfell sieht es anders aus. Das Tape haftet zwar auf dem langen Fell, aber es ist fraglich, wie viel von der Wirkung noch an der Haut und den Rezeptoren ankommt. Insofern wären diese extremen Fälle eher Kontraindikationen, wie bereits in Kapitel 6 beschrieben. Ein Islandpony im Winter für eine Tapinganlage zu scheren wäre eher kontraproduktiv – es hat seinen Winterpelz aus gutem Grund!

Umgekehrt hatte ich sogar schon das Problem, dass das Tape auf einem frisch geschorenen Pferd mit extrem kurzem Fell nicht gehalten hat. Ich kam direkt in den Stall, als das Pferd geschoren wurde. Das Fell war in diesem Fall so kurz, dass es nicht mehr glatt am Körper anlag, sondern igelig abstand. Somit hatte das Tape keinerlei Oberfläche, auf der es haften konnte. Das wäre so, als würde man versuchen, ein Pflaster auf eine Haarbürste zu kleben. Ich musste diesen Termin um 14 Tage verschieben.

7.2.2 Sprühkleber

Da es Pferde gibt, die aufgrund ihres hohen Hautfettanteils schwer zu tapen sind, haben Anbieter einen speziellen Sprühkleber entwickelt. Um die Haftung zu verbessern, soll der zu beklebende Bereich damit vorab eingesprüht werden. Shetland- und Islandponys sowie Norweger sind solche Kandidaten. Vermutlich soll bei den nordischen Rassen der hohe Hautfettanteil die Wärmeisolierung verbessern. Des Weiteren tritt dieses Problem mitunter auch bei Pferden auf, denen Öle als Zusatzfutter gefüttert werden.

Ich bin keine Befürworterin von Sprühkleber. Ich habe zu Beginn meiner Arbeit mal eine Flasche davon gekauft und diese Jahre später originalverpackt in meinem Kofferraum wiedergefunden. Das Mindesthaltbarkeitsdatum war schon lange überschritten. Es widerstrebt mir, den Sprühkleber auf gesundem Fell aufzubringen und ein funktionierendes Fellkleid damit zu verkleben. Anders als der Kleber, der auf dem Tape aufgebracht ist und der nur an der Oberfläche des Fells haftet, dringt Sprühkleber tiefer in die Fellstruktur ein und verklebt dort.

Eine Fixierung des Tapes auf dem Fell mit Hilfe des Sprühklebers würde den gewollten Recoil vermindern und auch die minimalen Scherkräfte zwischen Tape und Fell bzw. Haarwurzel und Propriozeptoren stark beeinträchtigen, was aber für eine Verbesserung der Körperwahrnehmung extrem wichtig ist.

7.2.3 Babypuder

Um die Haftfähigkeit des Tapes zu optimieren benutze ich statt Sprühkleber lieber herkömmliches Babypuder. Wenn ich merke, dass das Kinesiologische Tape aufgrund von Feuchtigkeit im Fell oder erhöhtem Hautfett nicht gut hält, entferne ich die Anlage wieder. Dann verteile ich das Babypuder in dem zu tapenden Bereich, reibe es leicht ein und entferne es nach ein paar Minuten mit einem Baumwoll-

oder Mikrofasertuch. Dabei gehe ich sehr gründlich vor. Sollte zu viel Puder im Fell verbleiben, klebt die Anlage auf dem Puder und nicht auf dem Fell und hält dann auch nicht! Mikrofasertücher sind dafür optimal geeignet, da sie den Staub und auch das Babypuder anziehen. Ist der Puder vollständig entfernt und das Fell trocken und fettfrei, steht dem Taping nichts mehr im Wege. Sollte man das Tape trotz aller Hilfsmittel nicht zum Kleben bekommen, bin ich inzwischen der Meinung, dass es einen Grund dafür gibt, warum das Tape nicht auf dem Fell haften will. Aus meiner Sicht ist es ein Zeichen dafür, dass der Körper das Tape nicht annehmen möchte oder nicht braucht! Man sollte das Tier nicht weiter damit behelligen.

7.3 Reiten oder nicht reiten mit Kinesiologischem Tape?

Immer wieder kommt die Frage auf, ob getapte Pferde geritten werden können und wenn ja, was es dabei zu beachten gilt. Warum ein Pferd überhaupt eine Tapinganlage braucht, gilt es abzuklären. Ein Pferd, das zum Beispiel aufgrund eines vom Tierarzt diagnostizierten Sehnenschadens Boxenruhe verordnet bekommen hat, muss diese natürlich auch mit dem Sehnentape einhalten. Es ist nicht die Tapinganlage, die die Einschränkung verursacht, sondern der Befund.

Im Gegensatz dazu gibt es bestimmte Tapinganlagen, zum Beispiel Muskeltapes, die im Training zur Unterstützung angebracht werden. Solange es keinen Befund gibt, der eben dieses Training einschränkt, darf und soll selbstverständlich mit der Tapinganlage geritten werden.

Generell gilt: So lange das Pferd normal bewegt werden darf, darf es das auch mit der Tapinganlage. Wenn wir selbst getapt werden, läuft das nicht anders. Es sei denn, es liegt eine grundlegende Einschränkung vor.

Eine Ausnahme ist eine Tapinganlage am langen Rückenmuskel bzw. im Rückenbereich auf der Sattellage. Wie in Kapitel 3 beschrieben, beruht die Wirkungsweise des Tapes auf dem Anhebe-Effekt. Wenn ich den langen Rückenmuskel getapt habe oder ein Faszientape für die thoraco-lumbale-Rückenfaszie angelegt habe, und dann einen Sattel und einen Reiter oben drauf packe, bleibt vom Anhebe-Effekt aufgrund der physikalischen Belastung von oben nicht viel übrig. Bei solchen Tapinganlagen empfehle ich eine längere Reitpause von drei bis vier Tagen. Das Tape sollte entfernt werden, bevor der Sattel zum Einsatz kommt und der Reiter aufsitzt.

Abb. 7.3: Auch mit Tape kann und soll man das Pferd durchaus bewegen und reiten.

Kapitel 8

Vorbereitung und Handling des Kinesiologischen Tapes

Abb. 8.1: Kinesiologische Tapes verschiedener Anbieter in diversen Farben und Größen.

8.1 Tape-Auswahl

Tape gibt es heutzutage von vielen verschiedenen Anbietern, einige haben inzwischen sogar schon vorgeschnittene Formen – »Precuts« genannt. Diese sind allerdings primär für den Humanbereich gedacht und für Tiere anatomisch bedingt nicht geeignet. Es gibt spezielle Precuts für Knie, Schultern und vieles mehr. Aufgrund der Größe von Pferden sind diese Precuts bei ihnen nicht brauchbar.
Für das Pferdetaping empfiehlt sich die klassische Rolle mit 5 m Tape darauf. Diese gibt es je nach Hersteller in unterschiedlichen Breiten. Die 5 cm breite Rolle wird am häufigsten verwendete. Für kleinere Bereiche, wie zum Beispiel um eine Narbe, gibt es auch schmalere Rollen. Für große Muskelpartien sind die Rollen entsprechend breiter. Auch hier lassen sich qualitative Unterschiede zwischen den Herstellern erkennen. Sehr günstige Tapes sind häufig qualitativ minderwertig und haften auf Fell so gut wie nicht. Insofern sollte man auf jeden Fall auf einen Anbieter zurückgreifen, der sich auf Tier-Tape spezialisiert hat.

Mit den Rollen lässt sich direkt am Pferd ausmessen, wie viel Tape man für welche Anlage braucht. Anschließend kann man es passend zurechtschneiden. Dabei sind die Linien oder Gittermuster hilfreich, die auf der Rückseite der Trägerfolie aufgedruckt sind. Daran kann man sich gut orientieren und abzählen, wie lang das Tape sein muss. Die ausgemessene Länge sollte man auch in seinen jeweiligen Patientenunterlagen notieren. Bei einer Wiederholung der Anlage spart man sich das Ausmessen.

8.2 Kleine Ponys – kleines Tape, große Pferde – großes Tape

Ein Shetty braucht natürlich ein viel kürzer zugeschnittenes Tape als ein mächtiger Warmblüter oder ein Kaltblut. Aufgrund der Größenunterschiede zwischen den Pferderassen ist immer das individuelle Ausmessen an jedem Tier erforderlich. Da Kinesiologisches Tape primär für den Humanbereich entwickelt wurde, hat sich dort die Breite von 5 cm als passend erwiesen. Diese Breite ist auch für Großtiere, wie Pferd und Rind, meist ideal. Für sehr große bzw. sehr kleine Befunde, gibt es das vorgenannte breitere oder eben schmalere Tape.

Abb. 8.2: Die verschiedenen Pferde- und Ponyrassen mit ihren unterschiedlichen Größen erfordern immer ein individuelles Abmessen des benötigten Tapes.

8.3 Die verschiedenen Tape-Zuschnitte

Abb. 8.3: Das I-Tape – ein einfacher gerader Tapestreifen, der an beiden Enden abgerundet ist.

Verwendet man Kinesiologische Tape von der Rolle, kann man es in alle möglichen Formen zurechtschneiden und diese dann beliebig kombinieren.

Die häufigsten Formen sind: das I-Tape, das Y (V) Tape und das Fächertape.
Es gibt außerdem noch die nicht alltäglichen Zuschnitte, die nur vereinzelt vorkommen. Natürlich sind der eigenen Kreativität keinerlei Grenzen gesetzt.

Abb. 8.4: Das Y- (V-) Tape hat immer eine geschlossene Basis und zwei Finger.

8.3.1 Das I-Tape

Beim I-Tape handelt es sich um einen einfachen geraden Tapestreifen, der an beiden Enden abgerundet wird. Man appliziert das Tape bei verschiedenen Anlagen entweder mit der End-to-End-Technik oder der Inside-Out-Technik. Dies Techniken werden im Kapitel 8.4 beschrieben.

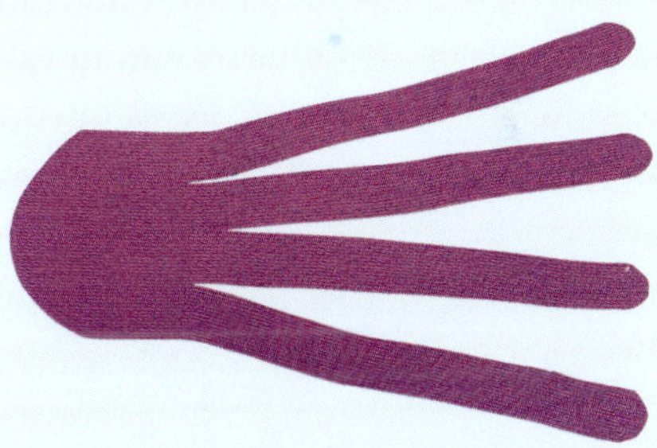

Abb. 8.5: Das Fächertape besteht aus einer geschlossenen Basis und multiplen Fingern.

8.3.2 Das Y- (oder V-) Tape

Ob man diesen Zuschnitt nun als »Y«- oder als »V«-Tape bezeichnen möchte, liegt oftmals im Auge des Betrachters und auch in der individuellen Form des Zurechtschneidens. Der eine möchte lieber eine kleinere geschlossene Basis, dann sieht es eher aus wie ein »V« (wie hier im Bild). Ein anderer hat lieber eine größere, längere Basis und dann erscheint es einem eher wie ein »Y«. Daher dieser doppelte Titel.

Egal wie man das Tape lieber zuschneidet, die Form besteht immer aus einer geschlossenen Basis und zwei Fingern. Durch die Splittung des Tapestreifens ergibt sich eine Oberflächenvergrößerung, wodurch man einen flächigen Bereich besser abdecken kann. Bei diesem Zuschnitt wird immer die End-to-End-Technik verwendet.

8.3.3 Das Fächer-Tape

Ähnlich wie das Y- bzw. V-Tape hat auch der Fächer eine geschlossene Basis. Das Besondere am Fächer sind die multiplen Finger. Wie viele Finger man schneidet, ist jedem selbst überlassen. Manche Leute schneiden 3 Finger, andere 4, wieder andere schwören auf 5. Auch hier ergibt sich durch das Splitten des Tapestreifens eine Oberflächenvergrößerung. Je mehr Finger es sind, umso weiter kann man den Tapestreifen aufspreizen und mehr Oberfläche abdecken. Am häufigsten kommt dieser Zuschnitt beim Hämatomtape und beim Lymphtape zum Einsatz, wenn man einen großen geschwollenen Bereich am Rumpf oder den Extremitäten schnell »entstauen« möchte. Auch bei großflächigen Faszienproblematiken kommt es zum Einsatz. Beim Fächertape wird immer die End-to-End-Technik genutzt.

8.4. Die Taping-Techniken

Generell gibt es zwei Möglichkeiten, das Tape an dem Patienten zu applizieren. Die beiden Techniken werden hier erklärt. Wie sie bei den jeweiligen Tapeanlagen zum Einsatz kommen, wird Schritt für Schritt in den Kapiteln 10 bis 20 erklärt.

8.4.1 End-to-End Technik

Alle Fächertapes sowie Y-(V-)Tapes werden immer mit der End-to-End Technik aufgeklebt. Wenn man I-Tapes zum Beispiel bei einem Muskeltaping einsetzt, werden auch diese mit der End-to-End-Technik appliziert.

Das bedeutet, dass man an einem Ende die primäre geschlossene Basis (A), auch Anfangsbasis genannt, aufklebt.
Dann werden der Wirkungsbereich (B) in die gewünschte

End-to-End-Technik

Abb. 8.6: Schematische Darstellung eines Tapestreifens mit der End-to-End-Technik. A = primäre Basis - B = Taperichtung - C = sekundäre Basis

Richtung appliziert und als letztes die sekundäre Basis oder Endbasis (C) angebracht.

Man arbeitet also von einem Ende des Tapestreifens zum anderen. Da das Kinesiologische Tape sich immer zur primären Basis (A) hin zusammenzieht, ist der Recoil bei dieser Technik stets in die entgegengesetzte Richtung zur eigentlichen Applikationsrichtung des Streifens.
Beispiel: Man appliziert ein Muskeltape für den langen Rückenmuskel von cranial nach caudal. Die primäre Anfangsbasis (A) befindet sich cranial (meist in Höhe des Widerristes). Der Wirkungsbereich (B) verläuft dann über den Muskelbauch des langen Rückenmuskels, parallel zur Wirbelsäule. Die sekundäre Endbasis (C) befindet sich in Höhe des Sakrums. Das Kinesiologische Tape zieht sich mit seinem Recoil zur primären Basis (A) am Widerrist hin zusammen.

8.4.2 Inside-Out-Technik

Diese Technik kommt nur bei der Applikation von I-Tapes vor, z.B. beim Dekompressions-, Stabilisierungs- oder Narbentaping.

Dabei wird **keine** primäre Basis geklebt, sondern die Folie wird mittig vom Tapestreifen entfernt, dann das Tape gleichmäßig rechts und links gefasst und von innen nach außen gedehnt und appliziert. Der Wirkungsbereich (B) liegt in der Mitte des Tapestreifens. Bei dieser Technik geht der Recoil von beiden Seiten zum Zentrum des Tapes. Die Enden rechts und links sind beides sekundäre Basen (C).

Inside-Out-Technik

Abb. 8.7: Schematische Darstellung eines Tapestreifens mit der Inside-Out-Technik.
Keine Anfangsbasis (A) - B = Wirkungsbereich mit der Taperichtung von innen nach außen - C = sekundäre Basen

8.5 Die Schere!

Beim Tapen ist neben dem Tape die Schere ein weiteres wichtiges Utensil! Hier darf man auf gar keinen Fall am falschen Ende sparen. Eine gute Schere ist absolut zwingend notwendig. Da es sich beim Tape um ein Baumwollgewebe handelt, braucht man eine gut schneidende Schere. Tapingscheren sind deutlich schärfer als normale Haushaltsscheren. Hochwertige Tapingscheren haben in der Regel eine Titaniumbeschichtung. Diese verhindert, dass sich der Kleber vom Tape auf der Klinge festsetzt und diese verklebt. Gewöhnliche Haushaltsscheren vertragen das Zuschneiden des Tapes meist nicht und werden schnell stumpf. Sollte die speziell beschichtete Tapingschere doch mal an der Klinge verkleben, kann man diese mit Nagellackentferner oder Feuerzeugbenzin reinigen.

SICHERHEITSHINWEIS: Tapingscheren sind sehr scharf! Deshalb sollte man beim Zuschneiden immer gut aufpassen. Ich habe schon einige Kursteilnehmer gesehen, die sich geschnitten haben!
Des Weiteren sollte man sich beim Zuschneiden des Tapes immer vom Pferd wegdrehen. Selbst das bravste Pferd erschrickt sich mal und hüpft zur Seite. Wenn es dabei auf die Tapingschere treffen sollte, kann das sehr unangenehm ausgehen!

8.6 Die Handhabung des Kinesiologischen Tapes

8.6.1. Abgerundete Ecken

Wie auf den bisherigen Bildern zu sehen war, sind die Ecken des aufgeklebten Tapes immer abgerundet, obwohl es gerade von der Rolle kommt. Die Ecken werden ganz bewusst und mit Absicht rund geschnitten. Aus demselben Grund, aus dem auch die meisten Pflaster abgerundete Ecken haben: an den Stoßkanten der geraden Ecken schubbert sich das Pflaster bzw. das Tape am ehesten und am schnellsten ab und/oder franst aus. Spitze Ecken sind

Abb. 8.8: Die Ecken des Tapestreifens werden abgerundet, um ein Hängenbleiben, Ausfransen und vorzeitiges Ablösen zu vermeiden. Um einen Arbeitsschritt und Zeit zu sparen: die benötigte Länge an Tape umfalten und beide Enden gleichzeitig rund schneiden!

Zuschneiden des Tapes

prädestiniert dafür, dass man daran zuerst hängen bleibt, ob mit den Fingern, der Kleidung, mit Klettverschlüssen oder der Fellbürste.

Kleiner Tipp: Sobald man die benötigte Länge des Tapes am Pferd abgemessen hat, das Tape an der entsprechenden Stelle umknicken und rund schneiden. Dies spart Zeit und hat den Vorteil, dass das neue Ende, das sich noch auf der Rolle befindet, auch gleich rund geschnitten ist. Wer viel tapt, wird das schnell zu würdigen wissen.

Abb. 8.9: Beim Entfernen der Folie nicht versuchen, es an einer Stelle von der Trägerfolie abzuziehen.

8.6.2 Entfernung der Folie

Sobald man die Länge des Tapes abgemessen und zurechtgeschnitten hat, kommt als nächstes der Punkt, an dem man das Papier auf der Rückseite einreißen, entfernen und die Kleberfläche freilegen muss. Bitte nicht an einem Ende die Trägerfolie des Tapestreifens abfummeln! Das ist sehr mühselig und dauert zu lange. Das Papier auf der Rückseite bitte an der gewünschten Stelle einmal beherzt quer durchreißen. Dem Tape passiert dabei nichts, es geht nicht kaputt und leiert auch nicht aus.

Sollte das Papier an der durchgerissenen Stelle immer noch fest am Tape kleben, dann einfach kräftig an einem Tapeende ziehen – schon löst sich die Folie an der eingerissenen Stelle vom Tape.

Folie korrekt entfernen

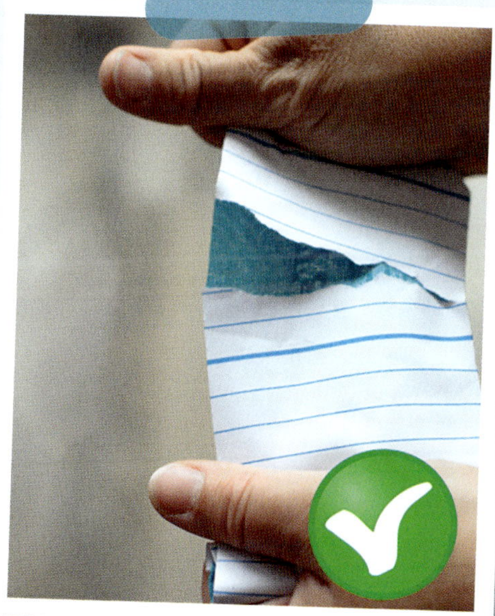

Abb. 8.10: Trägerfolie beherzt an der gewünschten Stelle einmal quer einreißen, um es von dem Tape zu entfernen.

Abb. 8.11: Tapestreifen immer mit flachen Fingern fassen, um das bestmögliche Ergebnis zu erzielen.

Abb. 8.12: Das Tape nicht mit spitzen Fingern fassen, da es sonst ungleichmäßig gedehnt wird!

Handhabung des Tapes

8.6.3 Flache Finger

Das Tape sollte immer mit flachen Fingern appliziert werden. Dadurch ergibt sich eine gleichmäßige Dehnung über die gesamte Breite. So nutzt man den Tapestreifen ideal aus und erzielt die größtmögliche Wirkung. Bitte niemals mit spitzen oder einzelnen Fingern das Tape halten, dehnen und dann aufbringen. Dadurch wird das Tape ungleichmäßig gedehnt. Es wird dann z.B. in der Mitte, in der die Daumen das Tape auf Zug bringen, viel stärker gedehnt, als an den Außenkanten oben und unten.

8.6.4 Dehnungsfreie Enden

Die Enden der Tapestreifen werden immer ohne Dehnung aufgeklebt, da sonst zu viel Zug in der Applikation ist. Je mehr Dehnung, vor allem in den Enden, desto höher die Spannung innerhalb der Tapeanlage und desto höher die Wahrscheinlichkeit, dass sich das Tape schneller wieder ablöst. Es hilft, wenn man die spannungsfreien Enden während des Aufklebens zusätzlich ein klein wenig in

Abb. 8.13: Die Enden der Tapestreifen werden immer spannungsfrei aufgeklebt. Man kann dies noch mit Hilfe des Back-ups unterstützen, wie hier mit den gelben Pfeilen schematisch dargestellt.

Back-up des Tapes

Richtung des Tapezentrums zurückschiebt: Man spricht dabei von einem sogenannten »Back-up« der Anfangs- und Endbasen.

8.6.5 Reibungswärme

Eine weitere Besonderheit des Klebers liegt darin, dass er durch Wärme aktiviert wird. Sobald die Tapinganlage komplett aufgeklebt ist, empfiehlt es sich, kräftig darauf hin und her zu reiben. Es entsteht Reibungswärme, durch die der Acrylkleber auf dem Tape aktiviert wird.

Kleiner Tipp: Im Sommer, wenn es schön warm ist, kann man sich das Warmreiben sparen. Diesen Prozess übernimmt dann die Sonne. Im Winter hingegen ist kräftiges Reiben ganz wichtig! Wenn man die Möglichkeit hat, kann man das Pferd in der kalten Jahreszeit auch nach dem Tapen unter ein Solarium stellen. Die Wärme aktiviert dann den Acrylkleber.

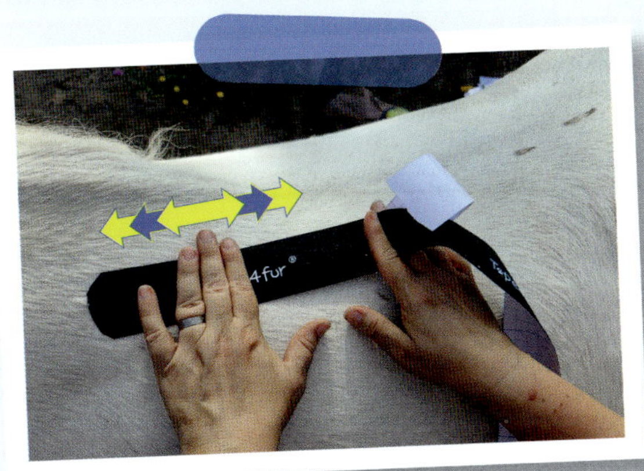

Abb. 8.14: Durch kräftiges Reiben entsteht Wärme, wodurch die Klebekraft des Acrylklebers aktiviert wird.

8.6.6 Wiederverwendbarkeit

Ganz wichtig: Ein einmal aufgeklebtes Kinesiologisches Tape ist nicht wiederverwendbar. Dies ist besonders wichtig im Fall eines »Verklebens«, wenn man versehentlich nicht direkt auf dem betroffenen Bereich gelandet ist. Man kann das Tape nicht noch einmal abziehen, neu positionieren und wieder aufkleben. Da beim Aufkleben und Abziehen immer eine gewisse Menge an Staub, Hautfett und losem Haar auf dem Kleber haften bleiben, ist das Tape zu stark verunreinigt und haftet kein zweites Mal. Selbst im Humanbereich ist es nicht praktikabel, ein Tape zweimal aufzukleben. Sollte man mit seiner Anlage also nicht zufrieden sein, weil man zum Beispiel einen Muskel nicht optimal getroffen hat, hilft nur eins: Das Tape wieder entfernen und den neuen Tapestreifen besser aufbringen!

8.6.7 Entfernung des Tapes

Das Tape sollte auf jeden Fall **immer** in Fellrichtung abgezogen werden. Manche Tapearten haften besser als andere – bitte das Tape nicht mit einem Ruck abziehen. Bei sensiblen Pferden könnte das zu unerwünschten Folgereaktionen führen. So könnte sich zum Beispiel der Muskel, den man gerade zur Entspannung getapt hatte, aufgrund des Schmerzes beim Abreißen, vor lauter Abwehrspannung wieder zusammenziehen. Es ist nicht auszuschließen, dass dadurch die vorherige Wirkung wieder zunichtegemacht wird. Hilfreich ist es, das Fell mit der freien Hand beim Entfernen des Tapes etwas zu fixieren oder leicht anzudrücken. Die meisten Schmerzrezeptoren befinden sich rund um die Haarwurzeln. Wenn man diesen Bereich etwas mit einer Hand fixiert, wird der Zug auf die Haarwurzeln nicht so stark und das Ganze weniger unangenehm fürs Tier.

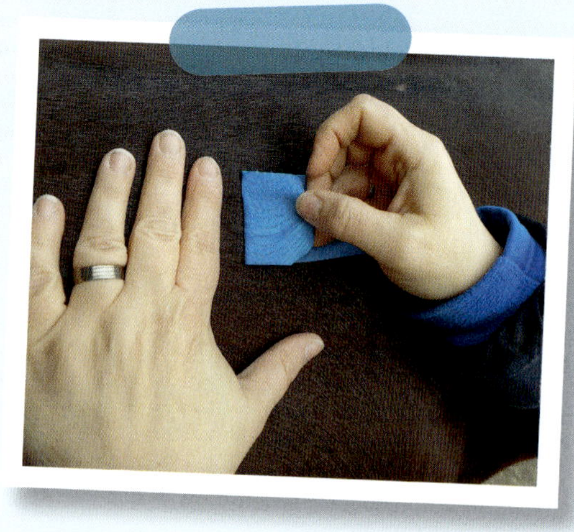

Abb. 8.15: Das Tape immer in Fellrichtung abziehen, dabei mit der freien Hand das Fell fixieren, um den Zug an den Haarwurzeln zu minimieren.

Es kann vereinzelt vorkommen, dass ganz feine Klebespuren auf dem Fell verbleiben, wenn man das Tape abgezogen hat. Diese Kleberreste kann man mit einem feuchten Handtuch abwischen.

8.7 Wie stark sollte das Tape gedehnt werden?

Diese Frage wird häufig gestellt. Es gibt Kurse, bei denen von 10 %-, 20 %-, 50 %- oder 100 %-Dehnung gesprochen wird. Ich halte das für eine eher unglückliche Formulierung. Wer steht schon mit einem Maßband neben dem Pferd und misst bzw. rechnet nach, wie viel Prozent Zug nun auf dem Tape lastet. Ich bevorzuge die Begriffe: leicht, mittel und stark. Natürlich ist das ein subjektives

Empfinden. Es bedarf einiges an Übung und Erfahrung, bis man ein Gefühl für das richtige Maß an Dehnung bekommt.

Ich empfehle immer zwei Dinge zu beachten:

1. Je weicher das Gewebe ist, auf das ich mit dem Tape einwirken möchte, umso weniger Zug setze ich ein.

- Muskel und Faszien - leichtgradiger Zug
- Sehnen und Bänder - leicht- bis mittelgradiger Zug
- Knochen oder Gelenke - mittelgradiger Zug

2. Die ultimative Regel für die Dehnung des Tapes bei Tieren lautet: **Weniger ist mehr!**

Zu viel Dehnung im Tape bedeutet auch immer zu viel Zug am Fell, den Haarwurzeln und der darunter liegenden Haut sowie Reizung der Schmerzrezeptoren in diesem Bereich. Dies kann zu Hautirritationen führen. Patienten im Humanbereich können ihrem Therapeuten den Schmerz mitteilen und auch gegebenenfalls das Tape selbt entfernen, wenn es unangenehm ist. Unsere vierbeinigen Patienten können dies leider nicht. Stattdessen kann es besonders bei sensiblen Tieren zu deutlichen Abwehrreaktionen kommen. In solch einem Fall bitte das Tape sofort entfernen und anschließend die Anlage mit weniger Zug erneut applizieren. Wichtig ist es, den vierbeinigen Patienten nach der Anlage des Tapes zu beobachten. Abwehrreaktionen, wie Scheuerversuche oder Schnappen nach dem Tape, zeigen die Tiere, wenn's zwickt, **sofort**!

Der klassische Anfängerfehler besteht darin, zu viel Zug im Tape zu haben. Da das Tape so dehnbar ist, ist man anfangs immer versucht, die Dehnbarkeit auszunutzen. Das ging mir am Anfang genauso und ich beobachte es auch immer wieder bei meinen Kursteilnehmern. Es hilft, sich mal selbst zu tapen. Schneiden Sie sich drei gleich lange Streifen zurecht und kleben Sie sich diese mit unterschiedlicher Dehnung nebeneinander auf den Oberschenkel. Den ersten Streifen mit der 10 %-Spannung wie er von der Folie kommt, den zweiten mit maximaler Dehnung und den dritten mit mittlerer Dehnung. Für gewöhnlich wird innerhalb kürzester Zeit das Tape mit dem größten Zug als unangenehm empfunden und das mit dem geringsten als angenehm.

Das Tape ist bereits mit 10 % Vordehnung auf der Folie aufgebracht. Diese 10 % sind oftmals vollkommen ausreichend beim Taping. Rund um die Haarwurzeln der Pferde befinden sich viel mehr Sinneszellen, als auf der eher kahlen menschlichen Haut. Aus diesem Grund sprechen Pferde auch viel sensibler auf feinste Reize an!

Selbst Tapinganlagen, wie das Propriozeptionstaping, die komplett ohne Zug aufgebracht werden, haben eine Wirkung, denn sie beeinflussen über feinste Scherkräfte die Körperwahrnehmung in diesem Bereich (mehr dazu im Kapitel 20)!

Abb. 8.16: Das pinke Muskeltape für den langen Rückenmuskel wurde im Widerristbereich mit einem blauen Queranker gesichert.

8.8 Anker

Anker sind meist einfache I-Tapes und werden vorwiegend am Anfang oder Ende einer Anlage quer dazu und **ohne Zug** aufgeklebt. Sie haben keinerlei Einfluss auf die eigentliche Tapinganlage, geben der Applikation aber eine zusätzliche »Verankerung« und besseren Halt. Sie machen die Anlage noch haft- und haltbarer. Auch gelenknah ist das Anbringen eines Ankers hilfreich, beispielsweise wenn die Tapinganlage ein Gelenk überspannt, das einen großen Bewegungsradius hat.

Wichtig: Anker IMMER komplett spannungsfrei aufkleben!

8.9 Dauer der Anlage

Die Standardfrage lautet: »Und wie lange bleiben die bunten Streifen auf meinem Pferd?« In den meisten Fällen empfehle ich das Tape nach ca. 3–4 Tagen zu entfernen. (Erinnerung: Bitte immer in Fellrichtung abziehen!)
Da das Tape bei Tieren durch Wind, Wetter, Fell etc. größeren Belastungen ausgesetzt ist als bei Menschen, halten die Anlagen meist nicht so lange. Manche halten nur ein paar Tage, manche eine Woche und ab und zu gibt es Anlagen, die anscheinend für die Ewigkeit gemacht sind. Da kommt nach 10 bis 14 Tagen der Anruf des Pferdebesitzers, ob er denn das Tape jetzt abmachen könne! Das ist aber eher die Ausnahme.

Wichtig ist es, das Pferd immer wieder zu beobachten. Das Tape sollte entfernt werden, wenn das Tier Unbehagen zeigt.
Die größte Wirkung hat das Tape innerhalb der ersten 24 Stunden. Danach flacht der Effekt ab, die sogenannte »Adaption« oder Gewöhnung setzt ein. Nach ein paar Tagen wird das Tape vom Körper nicht mehr als fremd und somit von den Körperzellen auch nicht mehr als Reiz wahrgenommen. Die meisten Pateinten im Humanbereich sagen, dass sie das Tape nach 3 bis 4 Tagen nicht mehr spüren. Dann kann das Tape entfernt werden.
Eine Ausnahme bilden Anlagen, die rein zur Unterstützung des Trainings gedacht sind. Diese werden direkt nach dem Training wieder entfernt.

8.10 Kombination mit anderen Therapieformen

Man kann (und soll) das Kinesiologische Taping mit anderen Therapiemöglichkeiten kombinieren, da das Tape vor allem als unterstützende Therapieform gedacht ist. Während man Massagen, Lymphdrainagen, Akupunktur, Dehnungsübungen und manuelle Techniken vor der Anlage des Tapes einsetzen sollte, kann man im Anschluss noch mit einer Magnetfelddecke, TENS, Laser oder Ultraschall arbeiten. Einmal aufgeklebt und gut haftend, kann das Tape auch durchaus nass werden. Die Pferde können mit der Anlage auch zum Beispiel in den Aquatrainer oder man kann ihnen die getapten Beine abspritzen. Vorsicht beim Abtrocknen. Den getapten Bereich nur vorsichtig trockentupfen!

Abb. 8.17: Kombination von Tape mit Magnetfeldtherapie

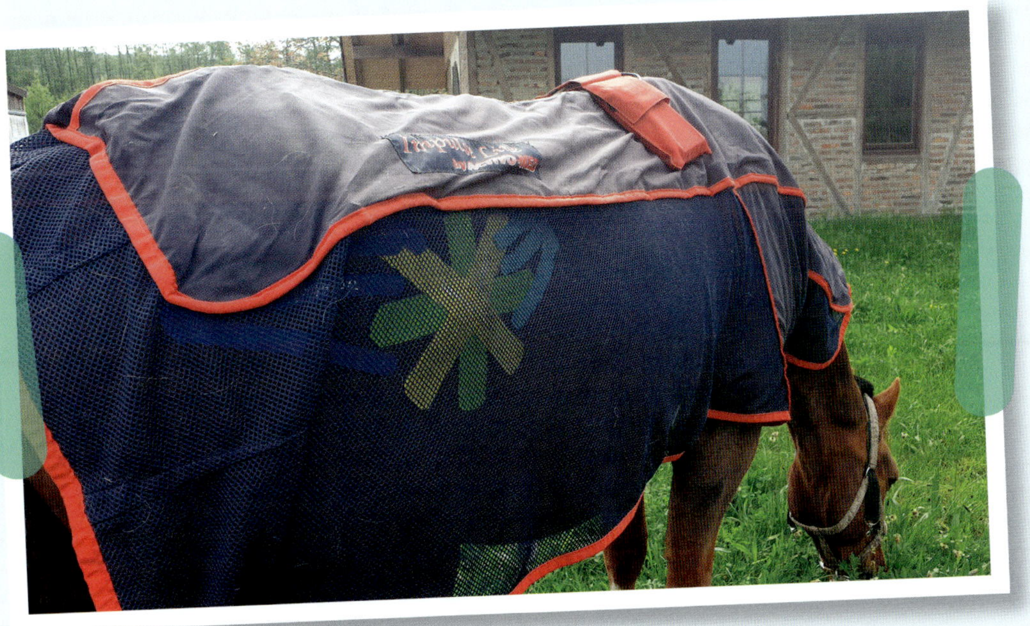

Kapitel 9

Bevor es losgeht …

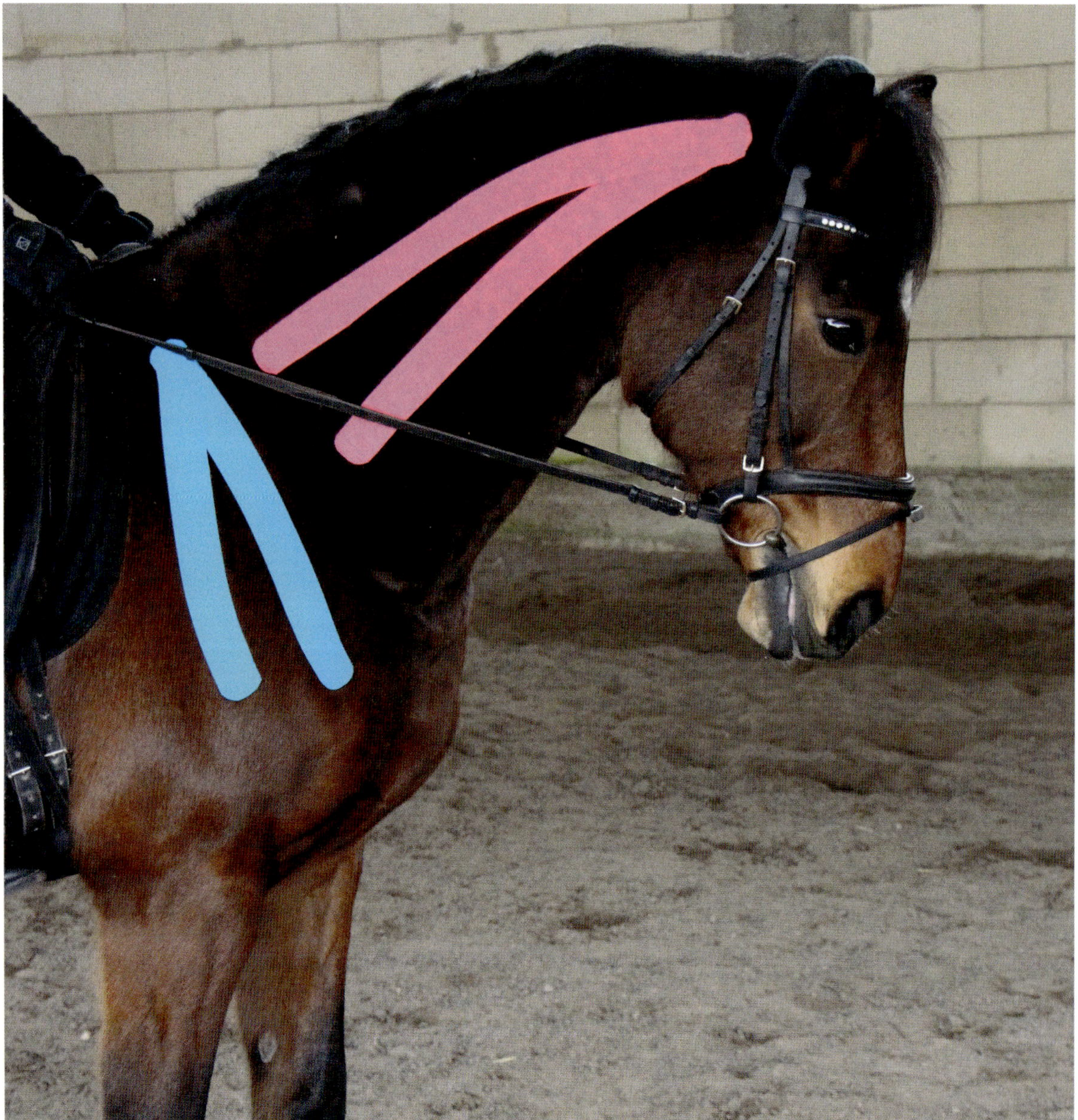

In den folgenden Kapiteln werden Anlagetechniken beschrieben, die sich über die Jahre bewährt haben und die bei mir am häufigsten zur Anwendung kommen. Natürlich gibt es noch etliche mehr. Jede Tapefirma bzw. -schule/-methode hat ihre eigenen Vorgehensweisen. Der eigenen Kreativität sind ebenfalls keine Grenzen gesetzt. Man sollte sich dabei allerdings immer mal wieder selbst überprüfen und sich folgende Fragen stellen:

Was ist das Problem meines Patienten?
Kann ich mit dem Taping das Problem verbessern? Wenn ja, wie?
Was will ich mit der Anlage erreichen? Was ist mein Ziel?
An welcher Struktur arbeite ich (Muskel, Faszien, Sehnen, Bänder, Knochen, Gelenk)?
Wo genau befindet sich diese Struktur? Wo ist der Anfang und wo das Ende? Was muss ich drumherum beachten?

Die Voraussetzung für eine erfolgreiche Anlage ist eine ausführliche und korrekte Befundaufnahme. Kinesiologisches Taping ist als unterstützende Behandlungsmöglichkeit am wirksamsten in Verbindungen mit veterinärmedizinischer und/oder physiotherapeutischer/osteopathischer Behandlung! Das Taping ersetzt nicht die Behandlung durch einen Tierarzt und/oder Tiertherapeuten.

9.1 Anatomische Fachbegriffe

Zum besseren Verständnis gibt es hier noch eine kleine Begriffserklärung.

9.1.1 Lage- und Richtungsbezeichnung am Pferd

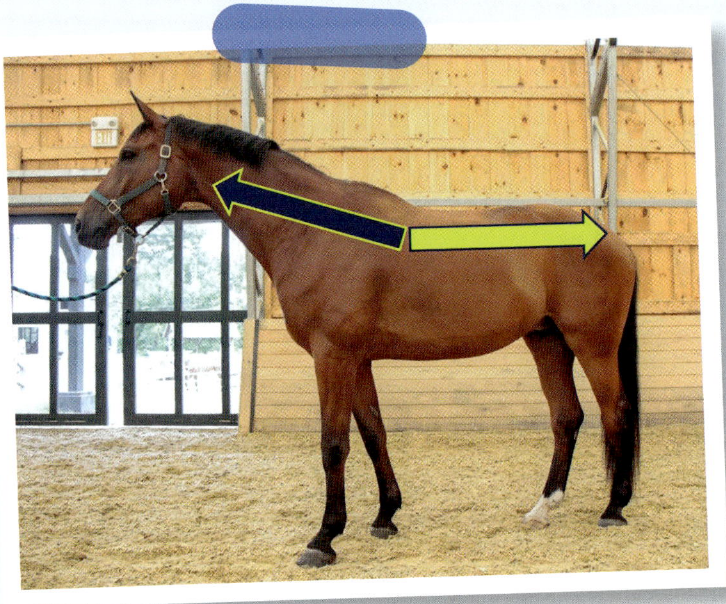

Abb. 9.1:
Blauer Pfeil: cranial, nach vorne, zum Kopf hin

Gelber Pfeil: caudal, nach hinten, zum Schweif hin

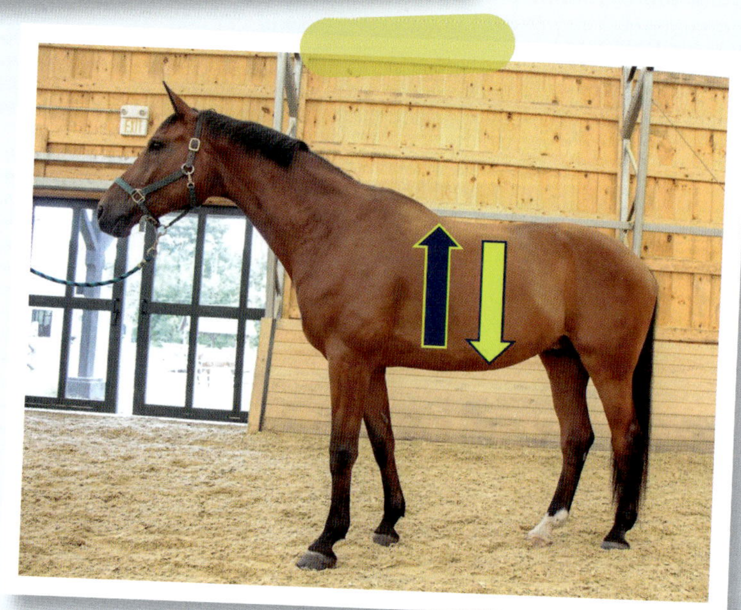

Abb. 9.2:
Blauer Pfeil: dorsal, zum Rücken hin, die Rückenseite

Gelber Pfeil: ventral, zum Bauch hin, die Bauchseite

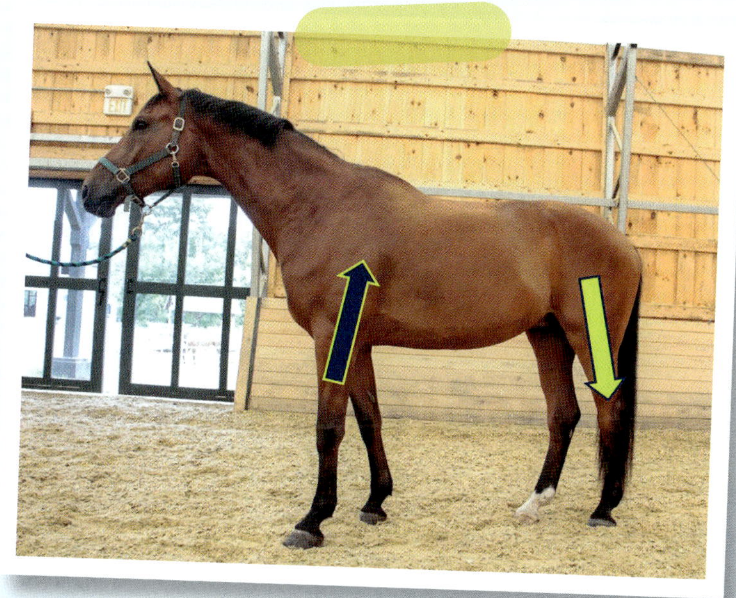

Abb. 9.3:
Blauer Pfeil: proximal, zur Körpermitte hin, körpernah

Gelber Pfeil: distal, von der Körpermitte weg, körperfern

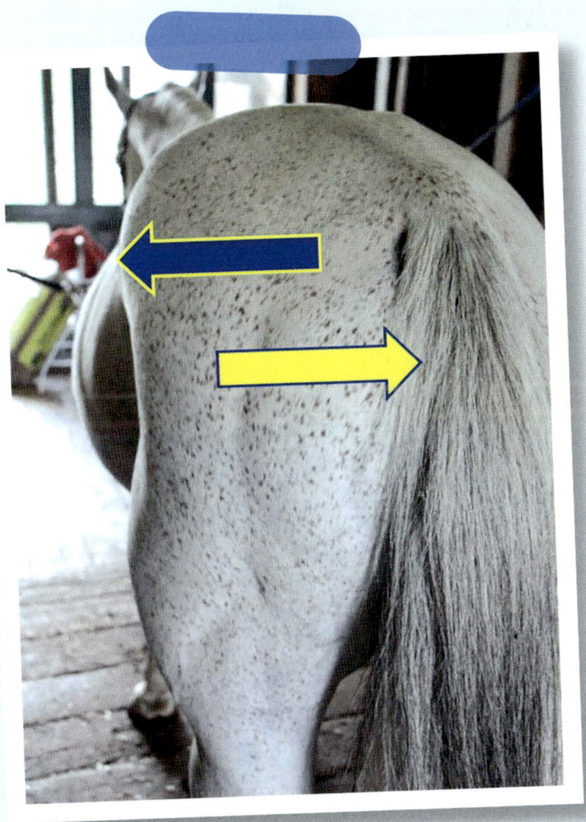

Abb. 9.4:
Blauer Pfeil: lateral, zur Seite hin, seitlich, seitwärts

Gelber Pfeil: medial, zur Mitte hin, mittig

9.1.2: Fachbegriffe rund um die Muskulatur

hyperton – erhöhter Muskeltonus, erhöhte Muskelspannung
hypoton – verminderter Muskeltonus, verminderte Muskelspannung
hypertroph – überentwickelte, vergrößerte Muskulatur
atroph – unterentwickelte, verkleinerte Muskulatur
Hartspan – tastbare, druckschmerzhafte Dauerverspannung der Muskulatur
Spasmus – ungewollter, schmerzhafter Muskelkrampf

9.2 Fachbegriffe

9.2.1 Back-up

Back-up kann man mit »Zurückschieben« übersetzen. Ein Back-up findet beim Taping immer dann statt, wenn man die dehnungsfreien Enden der Tapestreifen auf dem Fell aufbringt. Egal, ob sich das dehnungsfreie Ende am Anfang oder am Ende des Streifens befindet.
Klebt man einen Streifen entlang der Fellrichtung mit der End-to-End-Technik auf, appliziert man den Anfang des Streifens ohne irgendeinen Zug und schiebt gleichzeitig mit der Handfläche oder flachen Fingern dieses Stück Tape leicht entgegen der Fellrichtung zurück (= Back-up). Dieses Vorgehen verstärkt den Effekt des dehnungs- und spannungsfreien Beginns der Anlage. Genauso wird am Ende des Streifens verfahren. Die Anlage wird bis auf die letzten ca. 5 cm mit der gewünschten Dehnung aufgeklebt. Aus dem letzten Ende nimmt man jegliche Vordehnung raus und schiebt es wieder leicht gegen die Fellrichtung zurück (= Back-up).
Bei einer Applikation, in der das Tape mit der Inside-out-Technik aufgeklebt wird, werden

Abb. 9.5: Beim Back-up wird das Ende des Tapestreifens leicht zurückgeschoben, um ein spannungsfreies Ende zu gewährleisten.

ebenfalls beide Enden des Tapes ohne Spannung appliziert. Das Back-up erfolgt jedoch hier in die Richtung Tapezentrum.

9.2.2 Recoil

Die Übersetzung von Recoil lautet Rückstoß oder Zurückschrecken. Beide Wörter beschreiben den Recoil-Effekt nicht besonders treffend.
Wie wir inzwischen wissen, ist das Kinesiologische Tape elastisch und wird mit einer bestimmten Dehnung auf dem Patienten aufgebracht. Alles was gedehnt ist, hat das Bestreben, sich wieder zu seiner Ausgangsform zusammenzuziehen. Dieses Zusammenziehen nennt man beim Taping »Recoil«. Über diesen Recoil-Effekt sollte man sich bei der Tapinganlage Gedanken machen. Bei jeder Anlage muss man sich überlegen, was man mit ihr bewirken möchte und in welche Richtung der Recoil gehen soll. Das beantwortet die Frage, in welche Richtung man tapen muss.

Der Recoil geht immer zur primären Basis! Die Richtung des Recoil ist stets entgegen der Tapingrichtung!

Beispiel Muskeltaping: Zur Unterstützung der Muskelkontraktion muss der Recoil in die Kontraktionsrichtung des Muskels gehen. Zur Unterstützung der Entspannung und Dehnung des Muskels muss der Recoil in Dehnungsrichtung des Muskels ausgerichtet sein.
Beispiel Lymphtape: Um den Abfluss gestauter Flüssigkeit zu unterstützen, muss der Recoil von der Schwellung weg, hin zum Lymphknoten zeigen.
Die Ausrichtung von Tape und Recoils wird am Ende jeder Anlagetechnik nochmals aufgeführt.

9.3 Ein wichtiger Hinweis bevor es losgeht!

Die Ratschläge, Tapinganlagen und Empfehlungen in diesem Buch wurden von mir nach bestem Wissen und Gewissen erarbeitet und sorgfältig geprüft. Dennoch kann keine Garantie übernommen werden. Eine Haftung für Personen-, Sach- oder Vermögensschäden ist ausgeschlossen.
Des Weiteren möchte ich darauf hinweisen, dass alle medizinisch-therapeutischen Behandlungen ständig im Wandel sind, da aufgrund von moderner Forschung immer wieder neue Erkenntnisse und wissenschaftliche Ergebnisse die Therapiemöglichkeiten verändern. Dies trifft auch auf das Kinesiologische Taping zu. Die in diesem Buch beschriebenen Anlagetechniken und Wirkungsweisen entsprechen dem momentanen Wissens- und Erfahrungsstand.

Kapitel 10

Das Muskeltaping

10.1 Die Muskulatur

Es gibt drei Arten von Muskulatur:

Die glatte Muskulatur: Sie wird vom vegetativen Nervensystem gesteuert und kann nicht willentlich kontrolliert und gelenkt werden. Dazu gehört zum Beispiel die Darmmuskulatur.

Die Herzmuskulatur: Sie wird vom Herzsinusknoten selbstständig gesteuert und findet sich auch wirklich nur im Herzen. Auch die Herzmuskulatur können wir nicht willentlich kontrollieren oder steuern.

Die Skelettmuskulatur: Sie ist über Sehnen am Knochenskelett befestigt und überspannt dabei ein, mitunter auch zwei Gelenke. Bei der Muskelkontraktion verkürzt sich der Muskelbauch, dadurch nähern sich die Knochen einander an und das Gelenk wird gewinkelt. Wir können die Skelettmuskulatur selber willentlich an- und entspannen. Sie ist für unsere Fortbewegung zuständig.

Die Skelettmuskeln sind es, auf die wir mit dem Kinesiologischen Tape einwirken können und wollen. Jeder dieser Muskeln besteht aus einer Ursprungssehne, einem Muskelbauch und einer Ansatzsehne. Die Sehnen dienen der Befestigung am Knochen, der Muskelbauch überspannt die gelenkige Knochenverbindung.

Der Muskelbauch besteht aus vielen Muskelfasern, die sich wieder aus tausenden feinsten Myofibrillen zusammensetzen. Wird der Muskel angespannt, schieben sich diese Fibrillen und ihre Filamente aneinander vorbei, der Muskel verkürzt sich und bringt damit die beiden Knochen näher aneinander. So entsteht Bewegung. Der Prozess ist hier natürlich vereinfacht erklärt, aber er beschreibt das Grundprinzip der Muskeltätigkeit.

Wichtig beim Muskeltaping ist, dass man weiß, wo der Muskel seinen Ursprung und seinen Ansatz hat. Der Ursprung liegt meist proximal, körpernah und am weniger beweglichen Knochen. Der Ansatz befindet sich distal, körperfern und am stärker beweglichen Knochen.

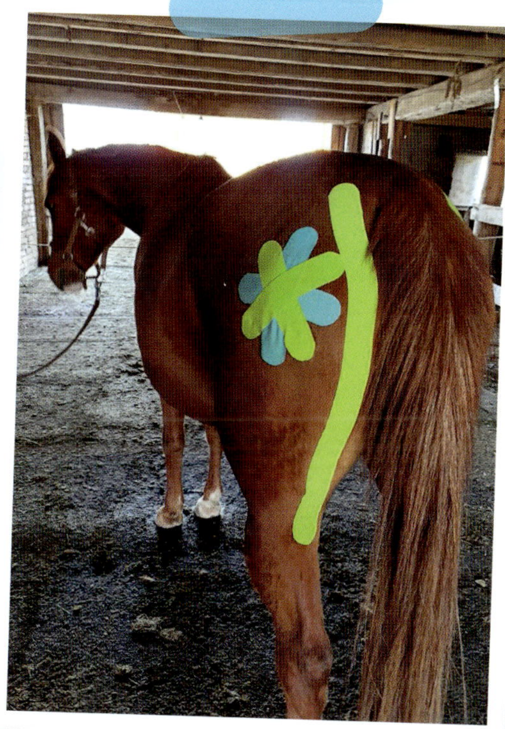

Abb. 10.1: Der M. semitendionus, auch Hamstring genannt, bildet die Hinterbackenmuskulatur. Hier gut zu sehen aufgrund des apfelgrünen Tapes.

Abb. 10.2: Abmessen des benötigten Tapestreifens unter Vordehnung des Muskels.

Nehmen wir als Beispiel den Musculus semitendinosus, umgangssprachlich auch Hamstring genannt. Er ist ein kräftiger, fleischiger Muskel, der die hintere Kontur des Oberschenkels bildet. Er hat seinen Ursprung am letzten Kreuzwirbel sowie am 1. und 2. Schwanzwirbel und ventral am Sitzbeinhöcker. Dann kommt der Muskelbauch, der sowohl das Hüftgelenk als auch das Kniegelenk caudal überspannt, und den man meist gut sehen und palpieren kann. Der sehnige Ansatz ist zweigeteilt: Der erste Teil am Schienbein ist in der Hangbeinphase für die Beugung des Knies zuständig, der zweite Teil läuft aus in die Fersenbeinsehne und unterstützt in der Stützbeinphase die Streckung des Hüft-, Knie- und Sprunggelenkes.
Nach einer gründlichen Massage der Muskulatur ist ein Muskeltaping eine tolle Unterstützung für diesen Bereich.

10.2 Wie wird ein Muskeltaping geklebt?

Beim Muskeltaping wird IMMER die **End-to-End-Technik** genutzt, da man entweder vom Ursprung zum Ansatz tapt oder vom Ansatz zum Ursprung!
Man sollte den Muskel vordehnen, an dem man arbeiten möchte, d.h. im Falle des Hamstrings: das Bein anheben, anbeugen und soweit nach vorne unter den Bauch führen, wie es das Pferd zulässt.
Beim langen Rückenmuskel ist es hilfreich, die Pferdenase Richtung Boden zu führen. Beim Tapen der Halsmuskulatur sollte man das Pferd den Hals zur gegenüberliegenden Seite abwenden lassen.

Beim Muskeltaping empfiehlt es sich, einen Helfer dabei zu haben, der das Pferd entsprechend biegen oder sein Bein hochhalten kann.

- In der genannten Vordehnung wird die benötigte Länge des Tapes abgemessen. Bein wieder absetzen (dem Helfer eine kleine Pause geben) und das abgemessene Tape zu einem I-Streifen mit abgerundeten Ecken schneiden.

- Dann das Bein wieder in gleicher Position aufnehmen lassen. Das Bein/den Muskel während der Anlage in der Vordehnung halten!

- Das Papier wird auf der Rückseite ca. 3–5 cm von einem Ende des I-Tapes quer eingerissen und entfernt. Dieses Ende (auch primäre Basis genannt) wird ohne Zug am Muskelursprung aufgeklebt und mit leichtem Back-up festgedrückt.

- Dann die gesamte Trägerfolie bis auf die letzten 5 cm des I-Tapes entfernen. Darauf achten, dass die nun offenliegende Klebeseite nicht vorab mit dem Fell in Berührung kommt.

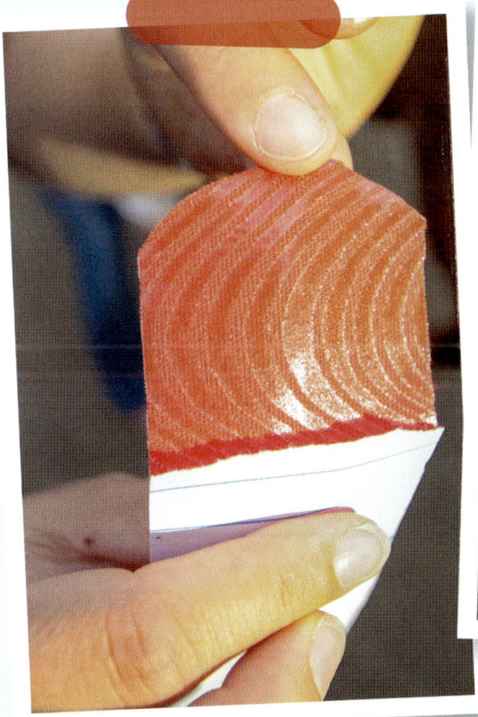

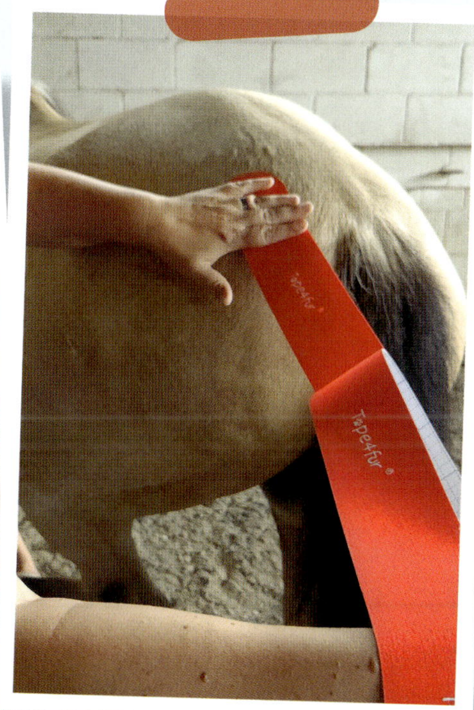

Abb. 10.3 + 10.4: Die primäre Basis sollte ca. 5 cm lang sein. Sie wird immer spannungsfrei aufgeklebt.

- Das Tape mit den flachen Fingern der einen Hand fassen und mit leichter Dehnung (wie es vom Papier kommt) entlang des Muskelverlaufes in Richtung Muskelansatz ausrichten und mit der anderen flachen Hand andrücken.

- Die Trägerfolie von den letzten Zentimetern des Tapes entfernen und diesen Teil dann wieder komplett ohne Zug aufbringen. Mit Back-up in Richtung Muskelbauch zurückschieben.

- Kräftig über den Streifen vor- und zurückreiben (Vorsicht an den Enden!), um Reibungswärme zu erzeugen. Das ist wichtig zur Aktivierung des Klebers. Das Bein kann wieder abgesetzt werden.

Wenn der Muskel nach Anlage der Tapes wieder in seine Ausgangsposition zurückgebracht wird, in diesem Fall das Bein wieder auf dem Boden abgestellt wird, entstehen meist Wellen im Tape. Nicht nervös werden, das soll so sein. Das sind die sogenannten »Convolutions«, die die Oberfläche der Tapinganlage vergrößern und damit einen noch besseren »Anhebe-Effekt« hervorrufen. Um diese Convolutions nicht zu zerstören empfiehlt es sich, das Warmstreichen des Tapes noch in der vorgedehnten Position des Muskels vorzunehmen und nicht, wenn das Bein wie hier wieder am Boden steht. Dann würde man nämlich die Wellen beim Warmstreichen zusammendrücken.

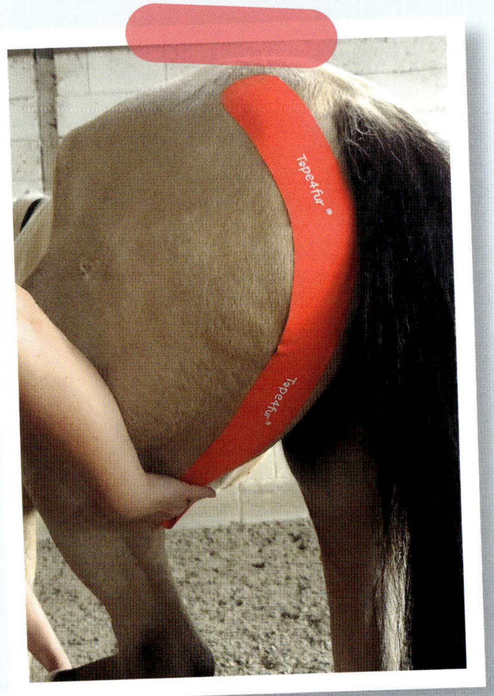

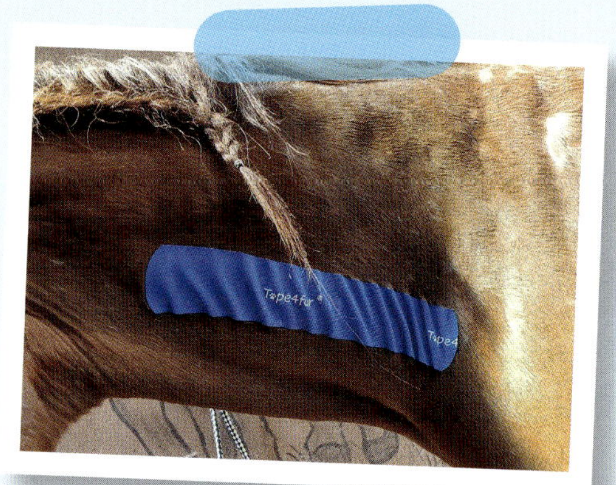

Abb. 10.6: »Convolutions« verstärken den Anhebe-Effekt.

Abb. 10.5: Unter Vordehnung des Muskels wird der gesamte Streifen appliziert.

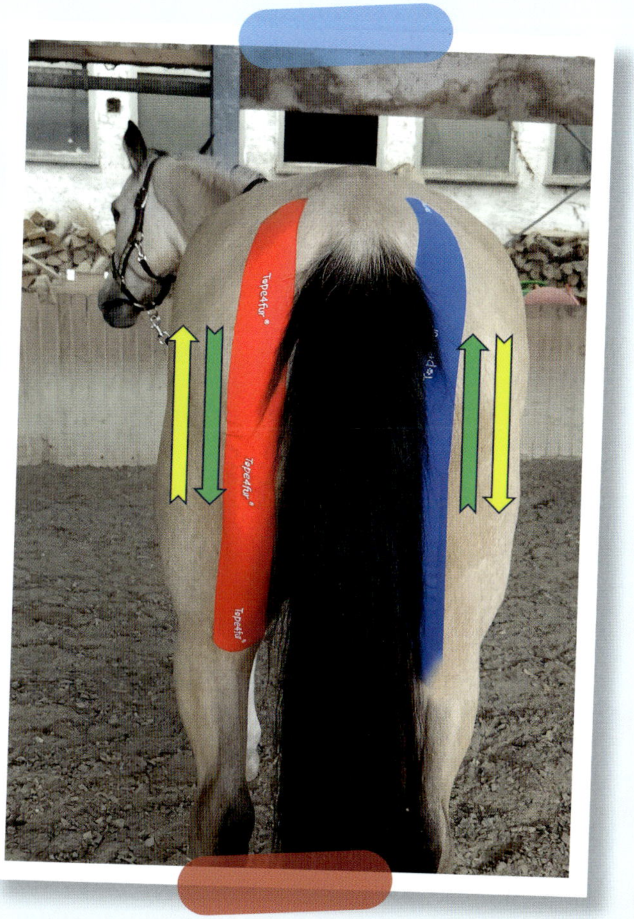

Abb. 10.7: Richtung von Tape bzw. Recoil zur Aktivierung (rotes Tape) und Entspannung (blaues Tape) der Hinterbackenmuskulatur.

10.2.1 Aktivierung oder Entspannung der Muskulatur

Aufgrund des bereits oben beschriebenen Muskelaufbaues mit seinem Ursprung und Ansatz sowie der Kontraktionsfähigkeit des Muskels ergeben sich zwei Möglichkeiten der Anlage: Aktivierung und Unterstützung der Kontraktion **oder** Entspannung und Dehnung des Muskels. Beides wird mit der End-to-End-Technik erreicht.

Wenn ein Muskel arbeitet und sich zusammenzieht, wird beim Verkürzen der Muskelfasern der bewegliche und körperferne Abschnitt näher an den unbeweglichen und körpernahen Abschnitt gebracht. Im Falle des Hamstring-Beispiels wird somit das beweglichere Bein/die untere Extremität näher an das unbeweglichere Becken gebracht – das Bein wird angewinkelt.

Wenn sich der Muskel wieder dehnt, entspannt und sich die Fasern verlängern, entfernen sich Ursprung und Ansatz voneinander und der beweglichere Abschnitt (Bein/ untere Extremität) entfernt sich erneut vom unbeweglicheren Abschnitt (Becken) und streckt sich – das Bein wird wieder gestreckt.

Zur **Aktivierung** des Muskels (rotes Tape) tapt man mit leichtem Zug vom Ursprung zum Ansatz des Muskels (grüner Pfeil = Taperichtung). Durch den Zug hat das Tape das Bestreben, sich in Richtung Ausgangspunkt, in diesem Fall des Muskelursprungs, wieder zusammenzuziehen. Dies entspricht der Kontraktionsrichtung des Muskels und der Recoil unterstützt hier die Kontraktion des Muskels (gelber Pfeil = Richtung der Muskelkontraktion und des Recoils).

Zur **Entspannung** des Muskels (blaues Tape) tapt man mit leichtem Zug vom körperfernen Ansatz zum körpernahen Ursprung des Muskels (grüner Pfeil = Taperichtung). Somit zieht nun das Tape in Richtung Ansatz des Muskels und der Recoil unterstützt dabei die Streckung, Dehnung und Entspannung des Muskels (gelber Pfeil = Richtung der Muskeldehnung und des Recoils).

Ich verwende auch bei leicht- bis mittelgradig verspannten Muskeln die Aktivierungsmethode, da ich trotzdem den Muskel unterstützen und die Muskeltätigkeit verbessern möchte. Ist der Muskel aber hochgradig verkrampft und im Hartspan, benutze ich die Entspannungstechnik.

Muskeltaping der Hinterbackenmuskulatur zur Aktivierung:
Taperichtung: Ursprung zum Ansatz
Recoil: Ansatz zum Ursprung
Wirkung: Aktivierung und Kontraktion der Hamstrings

Muskeltaping der Hinterbackenmuskulatur zur Entspannung:
Taperichtung: Ansatz zum Ursprung
Recoil: Ursprung zum Ansatz
Wirkung: Entspannung und Dehnung der Hamstrings

10.2.2 Einseitiges oder beidseitiges Muskeltaping

Ich bin eine große Verfechterin des beidseitigen Muskeltapings. Das heißt: Auch wenn das Problem nur einseitig vorliegt, z.B. verspannter Rückenmuskel links, tape ich auch den rechten Rückenmuskel mit. Ich habe die Erfahrung gemacht, dass die Pferde sonst die Tendenz haben, ungleichmäßig zu laufen. Besonders oder vor allem bei Reit- und Sportpferden im normalen Training ist das wenig wünschenswert. Bei Pferden in Boxenruhe, die wenig Bewegung bekommen und daher steifer sind, mache ich gelegentlich eine Ausnahme und tape nur die verspannte Seite.

Achtung: Wenn Muskeln beidseitig getapt sind und das Tape sich auf einer Seite ablöst, dann bitte das Tape auch auf der anderen Seite entfernen. So vermeidet man Ungleichmäßigkeiten!

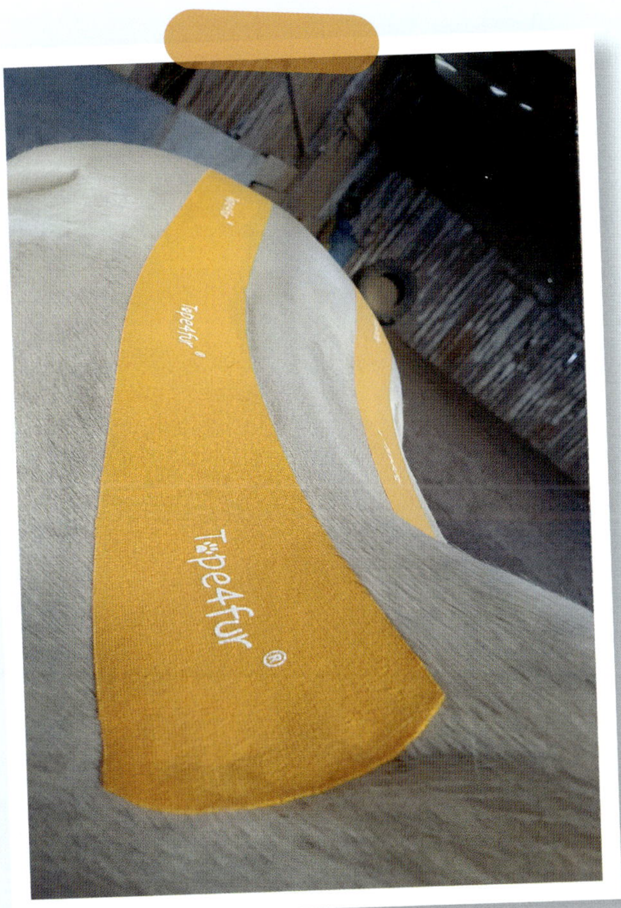

Abb. 10.8: Beidseitige Tapinganlage des langen Rückenmuskels.

10.3 Weitere Beispiele für Muskeltaping

Alle nachfolgenden Tapinganlagen sind unterstützende Maßnahmen zu veterinärmedizinischen und/oder physiotherapeutischen/osteopathischen Behandlungen!

10.3.1 Kruppenmuskel – M. gluteus

Die oberflächliche Glutealmuskulatur entspringt aus der Lenden-/Glutealfaszie in Höhe der Lendenwirbel und hat ihren Ansatz seitlich im oberen Bereich des Oberschenkelknochens. Der Muskel dient zur Flexion des Hüftgelenkes und somit zum Vorführen der Hintergliedmaße. Ein Vordehnen des Muskels ist nicht nötig, da der Bewegungsradius deutlich geringer ist als zum Beispiel bei der Hinterbackenmuskulatur.
Da der Muskelbauch recht breitflächig ist, ist es schwierig, ihn nur mit einem Tapestreifen abzudecken. Am effektivsten ist es, einen Tapestreifen entlang der Oberkante des Muskelbauches (hier im Beispiel der gelbe Tapestreifen) anzulegen und einen zweiten entlang der Unterkante (blauer Tapestreifen im Bild). Man kann dies entweder mit zwei separaten I-Tapes machen oder mit einem V-Tape. Bei sehr großen Pferden, z.B. Kaltblütern, kann man auch noch einen dritten Streifen in der Mitte des Muskels applizieren.

Die Anfangs- und Endbasen werden spannungsfrei aufgeklebt, der Wirkungsbereich mit leichter Spannung.

Aktivierung und Unterstützung der Kontraktion der Glutealmuskulatur:
Taperichtung: Von der Lenden-/Glutealfaszie zum Oberschenkel
Recoil: Vom Oberschenkel zur Lenden-/Glutealfaszie

Entspannung und Unterstützung der Dehnung der Glutealmuskulatur:
Taperichtung: Vom Oberschenkel zur Lenden-/Glutealfaszie
Recoil: Von der Lenden-/Glutealfaszie zum Oberschenkel

Abb. 10.9: Tapinganlage der Glutealmuskulatur mit zwei I-Tapes.

Abb. 10.10: Tapinganlage zur Aktivierung des Oberschenkelmuskels mit einem Fächertape.

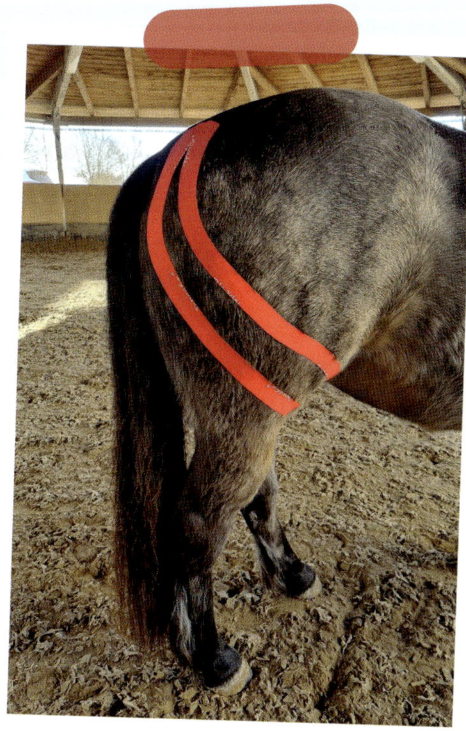

10.3.2 Oberschenkelmuskel – M. biceps femoris

Der zweiköpfige Oberschenkelmuskel hat seinen Ursprung an den letzten drei Dorn- und Querfortsätzen der Schwanzwirbelsäule sowie am Sitzbeinhöcker. Sein Ansatz liegt an der Kniescheibe sowie am vorderen Rand des Schienbeins und seitlich am Fersenhöcker. In der Stützbeinphase streckt dieser Muskel das Hüft-, Knie- und Sprunggelenk. In der Hangbeinphase streckt er das Hüft- und Sprunggelenk und beugt das Knie.

Zur Vordehnung des Muskels wird das Bein von einem Helfer nach vorne unter den Bauch geführt. Da er recht breitflächig zum Knie hin ausläuft, kann man entweder mit zwei bis drei I-Tapes arbeiten sowie mit einem V- (Y-)Tape oder einem Fächertape. Das kommt ein wenig auf die Größe des Pferdes und die Stärke seiner Hinterhand an. Die Anfangs- und Endbasen werden spannungsfrei geklebt und der Wirkungsbereich mit leichter Spannung.

Aktivierung und Unterstützung der Kontraktion der Oberschenkelmuskulatur:
Taperichtung: Von der Hinterkante des Kreuzbeins zum Knie- und der Kniefaszie
Recoil: Vom Knie- und der Kniefaszie zur Hinterkante des Kreuzbeines

Entspannung und Unterstützung der Dehnung der Oberschenkelmuskulatur:
Taperichtung: Vom Knie- und der Kniefaszie zur Hinterkante des Kreuzbeines
Recoil: Vom Kreuzbein zum Knie- und der Kniefaszie

10.3.3 Spanner der Schenkelfaszie – M. tensor fasciae latae

Dieser Muskel hat seinen Ursprung am Hüfthöcker und sein Ansatz verschmilzt breitflächig mit der Oberschenkelfaszie in Höhe des Knies und Oberschenkels. Er beugt das Hüftgelenk und unterstützt damit das Vorführen des Hinterbeines. Das Bein wird beim Anbringen des Tapes von einem Helfer nach hinten gestreckt, um den Muskel vorzudehnen. Auch hier haben wir es wieder mit einem eher breitflächigen Muskel zu tun. Man kann entweder mehrere I-Tapes anwenden oder mit mehreren V-(Y-)Tapes bzw. einem Fächertape arbeiten.

Die Anfangs- und Endbasen werden spannungsfrei geklebt, der Wirkungsbereich mit leichtgradiger Spannung.

Aktivierung und Unterstützung der Kontraktion des Schenkelfaszienspanners:

Taperichtung: Vom Hüfthöcker zur Oberschenkelfaszie

Recoil: Von der Oberschenkelfaszie zum Hüfthöcker

Entspannung und Unterstützung der Dehnung des Schenkelfaszienspanners:

Taperichtung: Von der Oberschenkelfaszie zum Hüfthöcker

Recoil: Vom Hüfthöcker zur Oberschenkelfaszie

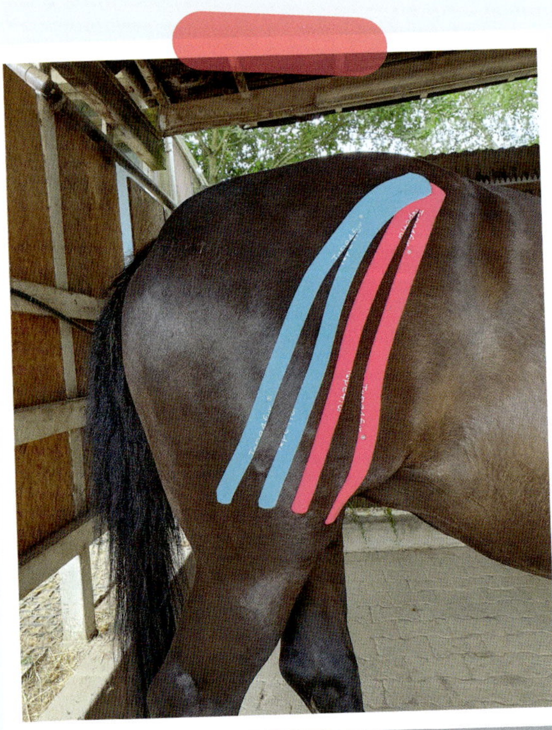

Abb. 10.11: Aktivierung des Spanners der Schenkelfaszie mit 2 V-Tapes.

Abb. 10.12: Hier wurde der Wadenmuskel vom Fersenhöcker zur Kniekehle getapt, um die Dehnung zu unterstützen.

10.3.4 Wadenmuskel – M.gastrocnemius

Der Wadenmuskel entspringt medial und lateral an der Rückseite des Oberschenkelknochens und hat seinen Ansatz über die Achillessehne am Fersenbeinhöcker des Sprunggelenkes. Er beugt das Knie und streckt dabei das Sprunggelenk. Der Muskel wird vorgedehnt, in dem man das Sprunggelenk soweit wie möglich anbeugt und die Gliedmaße dabei leicht nach vorne-unter den Bauch führt. Man kann entweder mit zwei I-Tapes oder einem V-(Y)-Tape arbeiten.

Die Anfangs- und Endbasen werden spannungsfrei geklebt und der Wirkungsbereich mit leichtgradiger Spannung.

Aktivierung und Unterstützung der Kontraktion des Wadenmuskels:
Taperichtung: Von der Kniekehle zum Fersenbeinhöcker
Recoil: Vom Fersenbeinhöcker zur Kniekehle

Entspannung und Unterstützung der Dehnung des Wadenmuskels:
Taperichtung: Vom Fersenbeinhöcker zur Kniekehle
Recoil: Von der Kniekehle zum Fersenbeinhöcker

10.3.5 Gerader Bauchmuskel – M.rectus abdominis

Der gerade Bauchmuskel entspringt rechts und links an den 4. bis 9. Rippen und hat seinen Ansatz am Beckenknochen in Höhe der Schambeinfuge. Eine Applikation bis hin zur Schambeinfuge ist schwer anzubringen, da die Pferde an dieser Stelle sehr empfindlich sind und man extrem weit unter dem Bauch rumkrabbeln müsste. Ich gehe meist nur bis zur Stelle vor dem Euter/dem Schlauch, an der das Fell endet.

Der Muskel trägt unter anderem die Eingeweide, aber durch seine Kontraktion (wie Sit-ups beim Menschen) krümmt er die Wirbelsäule und wölbt diese auf. Er ist der Gegenspieler des langen Rückenmuskels. Eine Vordehnung dieses Muskels ist nur schwer machbar und auch nicht notwendig, da der Bewegungsradius nicht groß ist. Es empfiehlt sich, rechts und links je ein breites I-Tape oder ein V- (Y-)Tape in Längsrichtung zu applizieren.

Die Anfangs- und Endbasen werden spannungsfrei geklebt und der Wirkungsbereich mit leichtgradiger Spannung.

Aktivierung und Unterstützung der Kontraktion des geraden Bauchmuskels:
Taperichtung: Von der Gurtlage bis zur caudalen Fellgrenze
Recoil: Von der caudalen Fellgrenze bis zur Gurtlage

Entspannung und Unterstützung der Dehnung des geraden Bauchmuskels:
Taperichtung: Von der caudalen Fellgrenze bis zur Gurtlage
Recoil: Von der Gurtlage bis zur caudalen Fellgrenze

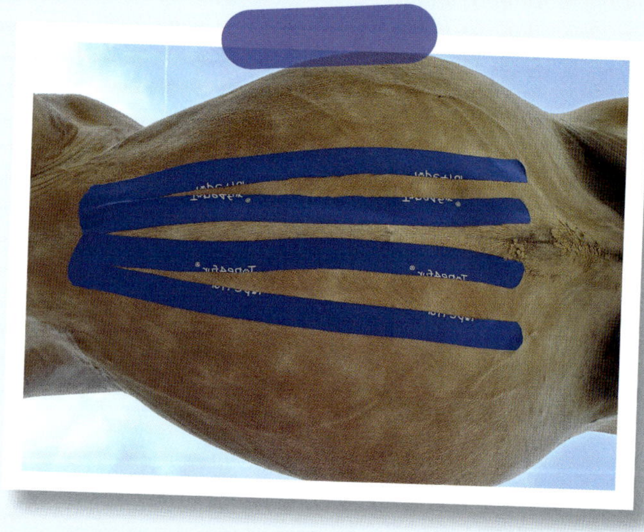

Abb. 10.13: Muskeltaping zur Aktivierung der geraden Bauchmuskeln beidseits mit je einem V-Tape.

10.3.6 Äußerer schräger Bauchmuskel – M.obliquus externus abdominis

Dieser sehr flächige Muskel entspringt seitlich an den Rippen, beginnend ab der 4. oder 5. Rippe, und geht dann in die Bauchfaszie über, die an der Bauchmittellinie ansetzt. Auch er trägt die Eingeweide, aber unterstützt zusätzlich noch die Atmung, durch seine Verbindung zu den Rippen. Zur Vordehnung des Muskels kann ein Helfer den Kopf des Pferdes zur gegenüberliegenden Seite führen, z.B. laterale Karottendehnübung anwenden. Auch hier ist der Bewegungsradius eher gering, daher verzichte ich mitunter auf die Vordehnung. Da der Muskel sehr breitflächig ist, kommen multiple I-Tapes zum Einsatz.

Die Anfangs- und Endbasen werden spannungsfrei geklebt und der Wirkungsbereich mit leichtgradiger Spannung.

Abb. 10.14: Tapinganlage der schrägen Bauchmuskeln.

Aktivierung und Unterstützung der Kontraktion des schrägen Bauchmuskels:
Taperichtung: Von der Hinterkante der Rippen schräg abwärts in Richtung der Bauchmittellinie
Recoil: Von der Bauchmittellinie schräg zur Hinterkante der Rippen

Entspannung und Unterstützung der Dehnung des schrägen Bauchmuskels:
Taperichtung: Von der Bauchmittellinie schräg aufwärts zur Hinterkante den Rippen
Recoil: Von der Hinterkante der Rippen in Richtung der Bauchmittellinie

10.3.7 Langer Rückenmuskel – M.longissimus dorsi

Dieser Muskel hat seinen Ursprung an den Darmbeinflügeln rechts und links vom Becken, an den Dornfortsätzen des Kreuzbeins sowie den Lenden- und caudalen Brustwirbeln. Die Ansätze finden sich an den Querfortsätzen der Wirbel sowie an den Rippenhöckerchen. Der Muskel verläuft zwar weiter bis zum Hinterhauptsbein, allerdings liegen in Höhe des Widerristes die Schulterblätter darüber. Im Halsbereich wird er von anderen Muskeln überlagert. Wirklich erreichen können wir ihn mit dem Tape daher nur im Rückenbereich. Der lange Rückenmuskel dient zum Feststellen und zur Streckung des Rückens. Bei fixierter Hinterhand wird er zum Aufrichten des Oberkörpers (z.B. beim Steigen) benötigt.

Abb. 10.15: Tapinganlage des langen Rückenmuskels beidseits – vom Widerrist zum Becken.

Dieser Muskel wird am besten vorgedehnt, indem die Nase des Pferdes in Richtung Boden gebracht wird. Am besten lässt man es etwas Heu vom Boden fressen, während man das Tape appliziert. Aufgrund der Breite dieses Muskels empfiehlt sich bei den meisten Pferden auch ein breiteres Tape. Da der Muskel linear verläuft, wird mit I-Tapes gearbeitet.

Die Anfangs- und Endbasen werden spannungsfrei geklebt und der Wirkungsbereich mit leichtgradiger Spannung.

Aktivierung und Unterstützung der Kontraktion des langen Rückenmuskels:

Taperichtung: Vom höchsten Punkt der Kruppe zur Hinterkante des Schulterblattes

Recoil: Von der Hinterkante des Schulterblattes zum höchsten Punkt der Kruppe

Entspannung und Unterstützung der Dehnung des langen Rückenmuskels:

Taperichtung: Von der Hinterkante des Schulterblattes zum höchsten Punkt der Kruppe

Recoil: Vom höchsten Punkt der Kruppe zur Hinterkante des Schulterblattes

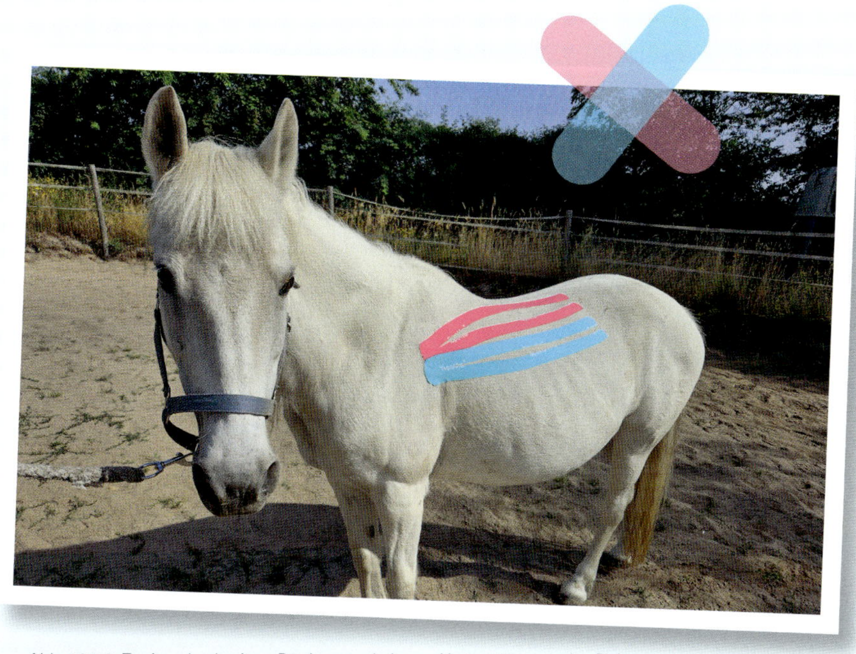

Abb. 10.16: Taping des breiten Rückenmuskels zur Unterstützung der Dehnung.

10.3.8 Breiter Rückenmuskel – M. latissimus dorsi

Der breite Rückenmuskel entspringt, wie der Name es schon erahnen lässt, sehr breitflächig aus der Thorako-lumbalen-Rückenfaszie und hat seinen Ansatz am Oberarmknochen. Er zieht die Vordergliedmaße nach hinten und beugt das Ellenbogengelenk. Bei fixierter Vorhand zieht er den Rumpf nach vorne. Man kann diesen Muskel am besten vordehnen, indem ein Helfer die Vorhand in Extension nach vorne führt. Da der Ursprung sehr breitflächig ist, appliziert man hier entweder mehrere I-Tapes, mehrere V-(Y-) Tapes oder ein großes Fächertape.

Die Anfangs- und Endbasen werden spannungsfrei geklebt und der Wirkungsbereich mit leichtgradiger Spannung.

Aktivierung und Unterstützung der Kontraktion des breiten Rückenmuskels:
Taperichtung: Von der Rückenfaszie zum Oberarm
Recoil: Vom Oberarm zur Rückenfaszie

Entspannung und Unterstützung der Dehnung des breiten Rückenmuskels:
Taperichtung: Vom Oberarm zur Rückenfaszie
Recoil: Von der Rückenfaszie zum Oberarm

10.3.9 Trapezmuskel – M. trapezius

Der Trapezmuskel entspringt flächig entlang des Nackenbandes von Hals und Brustwirbelsäule und hat seinen Ansatz entlang der Schulterblattgräte auf dem Schulterblatt. Er hebt die Vordergliedmaße an und unterstützt das Vorwärts- sowie das Seitwärtsführen (Seitengänge) des Beines. Um den caudalen Abschnitt des Muskels im Bereich der Brustwirbelsäule zu tapen, sollte dieser vorgedehnt werden, in dem man den Kopf schräg-abwärts auf die gegenüberliegende Seite dehnt. Beim cranialen Abschnitt im Halsbereich ist hauptsächlich auf eine Vordehnung zur gegenüberliegenden Seite zu achten. Hals- und Brustteil dieses Muskels können einzeln, aber auch zusammen getapt werden.

Auch dieser Muskel ist sehr breitflächig, weshalb hier mehrere einzelne I-Tapes oder Fächertapes angezeigt sind.

Die Anfangs- und Endbasen werden spannungsfrei geklebt und der Wirkungsbereich mit leichtgradiger Spannung.

Aktivierung und Unterstützung der Kontraktion des Trapezmuskels:
Taperichtung: Vom Nacken-/Rückenband zur Schulterblattgräte
Recoil: Von der Schulterblattgräte zum Nacken-/Rückenband

Entspannung und Unterstützung der Dehnung des Trapezmuskels:
Taperichtung: Von der Schulterblattgräte zum Nacken-/Rückenband
Recoil: Vom Nacken-/Rückenband zur Schulterblattgräte

Abb. 10.17: Tapinganlage des caudalen Abschnitts des Trapezmuskels im Bereich der Brustwirbelsäule, aktivierend vom Rückenband zur Schulterblattgräte.

10.3.10 Dreiköpfiger Oberarmmuskel – M. triceps brachii

Der Trizeps hat seinen Ursprung an der Hinterkante des Schulterblattes sowie medial und lateral am Oberarmknochen und setzt am Ellenbogenhöcker an. Primär streckt er das Ellenbogengelenk und hilft unterstützend bei der Flexion des Schultergelenkes. Den Muskel kann man vordehnen, indem man das Ellenbogengelenk, bei gewinkeltem Karpalgelenk, in die größtmögliche Flexion bringt. Da der Ursprung des Trizeps recht breitflächig ist, empfiehlt es sich, auch bei diesem Muskel mit mehreren I-Tapes oder einem Fächertape zu arbeiten.

Die Anfangs- und Endbasen werden spannungsfrei geklebt und der Wirkungsbereich mit leichtgradiger Spannung.

Aktivierung und Unterstützung der Kontraktion des Trizepsmuskels:
Taperichtung: Vom Schulterblattrand zum Ellenbogenhöcker
Recoil: Vom Ellenbogenhöcker zum Schulterblattrand

Entspannung und Unterstützung der Dehnung des Trizepsmuskels:
Taperichtung: Vom Ellenbogenhöcker zum Schulterblattrand
Recoil: Vom Schulterblattrand zum Ellenbogenhöcker

Abb. 10.18: Entspannendes Muskeltaping des Trizeps – vom Ellenbogenhöcker zum Schulterblattrand appliziert.

10.3.11 Oberer und unterer Grätenmuskel – M. supraspinatus und M. infrasprinatus

Diese beiden Muskeln liegen dicht beieinander und haben eine ähnliche Funktion, daher werden sie zusammen beschrieben. Man kann sie gemeinsam, aber auch einzeln tapen.
Sie haben ihren Ursprung am Schulterblattknorpel, an der Oberkante des Schulterblattes. Der Supraspinatus verläuft in der cranialen Schulterblattgrube vor der Schulterblattgräte und der Infraspinatus in der caudalen Schulterblattgrube hinter der Schulterblattgräte. Beide haben ihren Ansatz am Oberarmkopf. Sie unterstützen die Extension, dienen aber hauptsächlich zur Fixation des Schultergelenkes. Eine Vordehnung diese Muskeln ist nicht unbedingt nötig, da der Bewegungsradius sehr gering ist.
Da die Muskeln linear verlaufen nutzt man am ehesten je ein I-Tape pro Muskel oder ein V-Tape.

Die Anfangs- und Endbasen werden spannungsfrei geklebt und der Wirkungsbereich mit leichtgradiger Spannung.

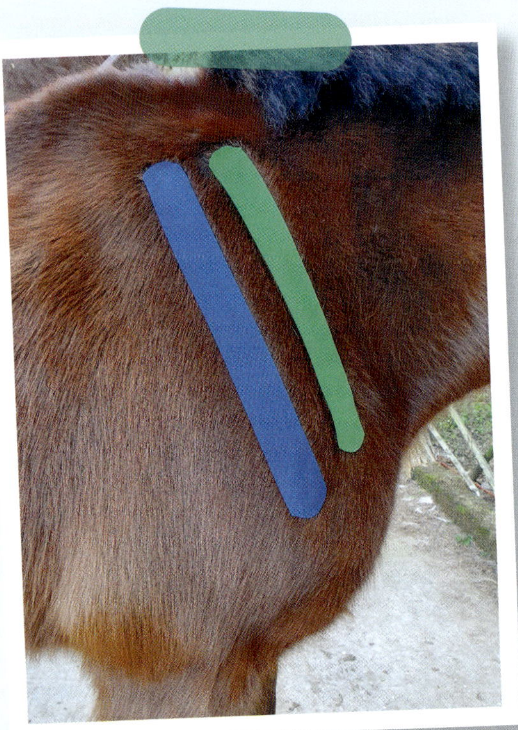

Abb. 10.19: Tapinganlage des Supra- und Infraspinatus zur Aktivierung – vom Schulterblattknorpel zum Schultergelenk appliziert.

Aktivierung und Unterstützung der Kontraktion der Grätenmuskeln:
Taperichtung: Vom Schulterblattknorpel zum Schultergelenk
Recoil: Vom Schultergelenk zum Schulterblattknorpel

Entspannung und Unterstützung der Dehnung der Grätenmuskeln:
Taperichtung: Vom Schultergelenk zum Schulterblattknorpel
Recoil: Vom Schulterblattknorpel zum Schultergelenk

Abb. 10.20: Applikation eines Tapes am Oberarm-Kopfmuskel vom Atlasflügel zum Schultergelenk, um das Vorführen der Gliedmaße zu unterstützen.

Aktivierung und Unterstützung von Anheben und Vorführen der Vordergliedmaße:
Taperichtung: Vom Hinterhaupt bis zum Schultergelenk
Recoil: Vom Schultergelenk zum Hinterhaupt

Aktivierung und Unterstützung von Senken bzw. Seitwärtsführen des Kopfes:
Taperichtung: Vom Schultergelenk zum Hinterhaupt
Recoil: Vom Hinterhaupt zum Schultergelenk

10.3.12 Oberarm-Kopfmuskel – M. brachiocephalicus

Der Oberarm-Kopfmuskel ist ein sehr komplexer Muskel. Er verläuft wie der Name es schon sagt zwischen Oberarm/Schulter und Hinterkopf. Er ist anatomisch nochmals unterteilt, je nachdem, wo er genau entspringt und ansetzt. Der wichtigste Muskelstrang für eine Tapinganlage entspringt am Klavikularstreifen direkt oberhalb des Schultergelenkes und hat seinen Ansatz am Hinterhauptsbein.

Dieser Muskel bildet eine Ausnahme zu den anderen Muskeln, da er zwei Funktionen hat und in beide Richtungen arbeiten kann! Bei fixierter Gliedmaße zieht er den Kopf nach unten bzw. bei einseitiger Kontraktion zur Seite. Bei fixiertem Genick und Kopf hebt er die Vordergliedmaße an und führt sie nach vorne. Aus diesem Grund ist es bei diesem Muskel wichtig zu überlegen, welche Bewegung man unterstützen und in welche Richtung man tapen möchte (siehe oben). Es findet unabhängig davon eine deutliche Vordehnung auf die gegenüberliegende Seite statt, da der Bewegungsradius des Halses und somit des Muskels sehr groß ist. Da der Oberarm-Kopfmuskel linear verläuft, verwendet man dafür am besten I-Tapes.

Die Anfangs- und Endbasen werden spannungsfrei geklebt, der Wirkungsbereich mit leichter Spannung.

Abb. 10.21: Entspannendes Muskeltaping des geraden Kopfmuskels vom Hinterhauptsbein zum zweiten Halswirbel.

10.3.13 Gerader Kopfmuskel – M. rectus capitis

Der gerade Kopfmuskel hat seinen Ursprung dorsal am zweiten Halswirbel und seinen Ansatz am Hinterhauptsbein. Er hebt und streckt den Kopf. Den Muskel vorzudehnen kann etwas knifflig werden, da dort häufig starke Verspannungen vorkommen und das Pferd dabei mit seiner Nase soweit es geht Richtung Brustbein kommen muss. Es wird bei diesem Muskel mit I-Tapes gearbeitet.

Die Anfangs- und Endbasen sind in diesem Fall kurz, da auch der Muskel sehr kurz ist. Sie werden spannungsfrei geklebt und der Wirkungsbereich mit leichtgradiger Spannung.

Aktivierung und Unterstützung der Kontraktion des geraden Kopfmuskels:
Taperichtung: Vom zweiten Halswirbel zum Hinterhauptsbein
Recoil: Vom Hinterhauptsbein zum zweiten Halswirbel

Entspannung und Unterstützung der Dehnung des geraden Kopfmuskels:
Taperichtung: Vom Hinterhauptsbein zum zweiten Halswirbel
Recoil: Vom zweiten Halswirbel zum Hinterhauptsbein

10.3.14 Äußerer Kaumuskel – M. masseter

Der Kaumuskel entspringt am Jochbogen des Oberkiefers, überspannt die oberen und unteren Backenzähne und hat seinen Ansatz am unteren Rand des Unterkiefers. Wie der Name schon sagt, ist er für die muskuläre Unterstützung beim Kauen zuständig, indem er den Unterkiefer hebt und an den Oberkiefer andrückt. Eine Vordehnung ist etwas schwierig, da das Pferd dabei das Maul öffnen und offenhalten müsste. Da der Bewegungsradius aber auch hier gering ist, kann man auf eine Vordehnung verzichten. Der Kaumuskel ist recht breit, daher setzt man entweder parallele I-Tapes oder ein Fächertape ein.

Die Anfangs- und Endbasen werden spannungsfrei geklebt und der Wirkungsbereich mit leichtgradiger Spannung.

Aktivierung und Unterstützung der Kontraktion des Kaumuskels:
Taperichtung: Vom Jochbogen zum Unterkieferrand
Recoil: Vom Unterkieferrand zum Jochbogen

Entspannung und Unterstützung der Dehnung des Kaumuskels:
Taperichtung: Vom Unterkieferrand zum Jochbogen
Recoil: Vom Jochbogen zum Unterkieferrand

Abb. 10.22: Aktivierendes Taping des Kaumuskels mit zwei parallelen I-Tapes vom Jochbogen zum Unterkieferrand.

Kapitel 11

Das Faszientaping

11.1 Die Faszie

Faszien sind ein Teil des Bindegewebes. Im Gegensatz zum Narbengewebe, auf das noch im Kapitel 17 eingegangen wird, sind die Faszien aber keineswegs fest und unelastisch. Im Gegenteil: Faszien sind meist hauchdünne Schichten parallel angeordneten Bindegewebes, die Muskeln, Muskelfasern und Organe umhüllen. Es gibt aber auch sehr dicke Faszienbereiche, so zum Beispiel im Pferderücken die thorako-lumbale-Rückenfaszie. Faszien dienen als Schutzschicht und sorgen im Bereich der Muskeln vor allem dafür, dass diese bei der Kontraktion geschmeidig und glatt aneinander vorbeigleiten können.
Früher schenkte man Faszien keine große Beachtung und hielt sie für überflüssiges Bindegewebe. In den letzten Jahren wurde aber in diesem Bereich sehr viel geforscht und man hat festgestellt, dass diese hauchdünnen Strukturen eine enorme Bedeutung für den Körper haben. Sie sind mit Sinnes- und Nervenzellen durchzogen und spielen auch eine große Rolle in der Propriozeption. Viele Forscher bezeichnen Faszien inzwischen als eigenständiges Organ. Einige gehen sogar soweit, sie als wichtigstes Organ des Körpers zu betrachten.

Abb. 10.1: Die hauchdünne Faszienschicht einer küchenfertigen Hähnchenbrust.

Für alle Leser, die beim Kochen schon mal eine Hähnchenbrust zerteilt haben: Die hauchfeine, leicht weißlich-milchige »Hautschicht«, das ist die Faszie.
Faszien können durch Traumata, Dauer- oder Extrembelastungen verkleben, wodurch die Gleitfähigkeit eingeschränkt wird und sich über kurz oder lang negativ auf die Muskeltätigkeit und den ganzen Organismus auswirkt. Verklebte Faszien können durch spezielle Techniken und Massagen wieder gelöst werden. Das Faszientape ist eine tolle Unterstützung von manuellen Faszientechniken.

11.2 Wie wird ein Faszientaping geklebt?

Diese Form des Tapens zielt darauf ab, die verklebte, verspannte oder ziehende Faszie wieder zu reorganisieren und in ihren funktionsfähigen Ursprungszustand zurück zu verhelfen. Es gibt zwei Varianten. Bei beiden wird die End-To-End-Technik genutzt und es wird immer in die Richtung getapt, in die die Faszie mobiler bzw. besser verschiebbar ist. Somit geht der Recoil in die verklebte, verspannte Richtung, in die sich die Faszie nicht so gut verschieben lässt. Der Unterschied liegt wirklich nur in der Aufbringung des Tapestreifens.

11.2.1 Faszientaping – Variante 1

In dieser Variante wird versucht, mit Hilfe von unterschiedlichen Dehnungen des Tapes, die Faszien zu stimulieren. Man kann dazu I-Tapes, Y-Tapes oder Fächertapes nutzen. Das Tape wird in die der Situation angepassten Form und Länge zurechtgeschnitten.

- Das Papier wird ca. 3–5 cm von einem Ende des Tapestreifens eingerissen und entfernt und wie immer ohne Dehnung aufgeklebt und mit »Back-up« zurückgeschoben.
- Die übrige Trägerfolie bis kurz vor dem anderen Ende des Streifens abziehen, den Streifen mit flachen Fingern halten.

Abb. 11.2: Aufbringen eines Faszientapes – Abschnitt mit mittelgradiger Spannung (man sieht, dass das Logo auf dem Tape gedehnt ist).

- Das Tape wird nun mittel bis stark gedehnt und ca. 5 cm mit diesem Zug appliziert.

- Anschließend die Dehnung komplett rausnehmen (das Tape darf nicht durchhängen) und ca. 5 cm des Tapes ohne Zug aufkleben.

- Danach wieder ca. 5 cm Tape mit mittlerer bis starker Dehnung applizieren und dann erneut ca. 5 cm ohne Zug aufkleben.

- Bis zum Ende des Tapestreifens abwechselnd mit Zug und ohne Zug weitermachen.

- Das Ende wird wie immer spannungsfrei und mit Back-up aufgeklebt.

- Kräftig über die gesamte Anlage reiben, um den Kleber zu aktivieren.

Während der Applikation des Tapes immer auf die flachen Finger achten, damit keine punktuelle Dehnung innerhalb des Tapestreifens bzw. der gedehnten und nicht gedehnten Abschnitte entsteht!

Je nach Größe der Applikation und Länge des Tapestreifens muss man die Länge von Zug/nicht Zug entsprechend verkürzen oder verlängern. Je kürzer die Abschnitte, umso mehr Impulse für die Faszie. Sollte es sich um einen breitflächigen Befund handeln, für den man ein V-Tape oder ein Fächertape nutzt, werden alle Finger dieses Zuschnitts mit dieser Technik appliziert.

Abb. 11.3: Spannungsfreier Abschnitt eines Faszientapes (das Logo auf dem Tape ist nicht gedehnt).

Abb. 11.4: Applikation eines Faszientapes unter Vibration.

Die 2 Varianten des Faszientapings

11.2.2 Faszientaping – Variante 2

In dieser Variante wird mit einem gleichmäßigen Zug am Tape gearbeitet. Dafür wird die Faszie manuell zur Reorganisation animiert!

Tapezuschnitt wie in der ersten Variante – der Situation am besten entsprechend.

- Das Papier von den ersten 3–5 cm Tape entfernen. Wie immer ohne Zug und mit Back-up anlegen.
- Trägerfolie bis auf die letzten 5 cm von dem Tape entfernen, das Tape auf leichten Zug bringen und mit flachen Fingern halten.
- Mit der freien Hand (in Abb. 11.4 die linke Hand) fühlt man sich währenddessen durch das Tape in die Faszienschicht ein und bringt diese mit schneller Frequenz der Hand/der Finger zum Vibrieren. Das dient zur Anregung während der Applikation und somit zur Reorganisation.
- Den Streifen unter Vibration und leichter Dehnung bis ca. 3–5 cm vor dem Ende aufkleben.
- Das Ende (sekundäre Basis) wird wie üblich ohne Spannung und mit Back-up getapt.
- Kräftig über die gesamte Anlage reiben, um den Kleber zu aktivieren.

Klingt im ersten Moment ganz einfach, erfordert aber ein bisschen Übung, da man mit zwei Händen vier Dinge gleichzeitig koordinieren muss: mit einer Hand die Vibrationstiefe und -stärke, mit der anderen Hand den entsprechenden Zug am Tape und die Ausrichtung am Pferd. Hinzu kommt, dass

man ein lebendiges Wesen zu bekleben hat, das vielleicht genau in dem Moment zappelt, weil es sich am Bauch kratzen möchte etc.
Ich empfehle, beide Varianten einmal auszuprobieren. Jeder kann dann für sich entscheiden, welche ihr/ihm besser liegt.
Auch hier gilt: Sollte man sich bei einem flächigen Befund eher für ein V- oder Fächertape entscheiden, ist für alle Finger die gleiche Variante beizubehalten. Soll heißen: entweder alle Finger mit der Variante 1 oder alle mit der Variante 2.

Faszientaping zur Reorganisation und Mobilisation der Faszie:
Taperichtung: In die Richtung, in die die Faszie mobiler und besser verschieblich ist
Recoil: In die Richtung, in die die Faszie weniger mobil und nicht so gut verschieblich ist
Wirkung: Lösung verklebter Faszien

11.2 Beispiele für Faszientaping

Alle nachfolgenden Tapinganlagen sind unterstützende Maßnahmen zu veterinärmedizinischen und/oder physiotherapeutischen/osteopathischen Behandlungen!

11.2.1 Schädelfaszien

Beispiel: Das Pferd zeigte häufiges Leerkauen und streckte zudem immer wieder die Zunge raus, auch in Ruhe und Entspannung. Die Überprüfung ergab eine Verspannung der Schädelfaszien in multiple Richtungen auf beiden Seiten.
Da die Faszienzüge großflächig verspannt waren, und das auf beiden Gesichtshälften, wurde mit multiplen Fächertapes gearbeitet. Dabei wurde die Variante 1 – Abschnitte mit und ohne Spannung – gewählt. Jeder einzelne Finger wurde mit dieser Variante geklebt, immer in die Richtung, in die die Faszie schlechter beweglich war. Die Abschnitte von Tape mit Spannung und ohne Spannung wurden sehr kurz gewählt (1–2 cm), um möglichst viele Impulse für die Schädelfaszien zu setzen.

Abb. 11.5: Multidirektionales Faszientape der Schädelfaszien.

11.2.2 Glutealfaszien

Obwohl keinerlei Blockierungen vorlagen und auch muskulär keine Einschränkungen feststellbar waren, pendelte der Schweif nicht locker. Die Glutealfaszien waren beidseits leicht verklebt.
Nach manueller Faszienmobilisation wurden die Tapefinger beidseits mit leichter Spannung unter Vibration appliziert, um die Glutealfaszie zusätzlich zu mobilisieren.

11.2.3 Thorako-lumbale Rückenfaszie

Großflächige Verklebung der Rückenfaszie rechtsseitig. Es kam ein Fächertape zum Einsatz, da durch die Aufspaltung in die Finger mehr Oberfläche abgedeckt werden konnte. Alle Finger wurden einzeln, nacheinander mit Abschnitten mit und ohne Spannung (Variante 1) aufgebracht. Die dünnen Enden wurden in Höhe des Schulterblattes mit einem spannungsfreien Queranker fixiert, um ein vorzeitiges Ablösen zu vermeiden.

Abb. 11.6: Fächerförmiges Faszientaping der Glutealfaszie.

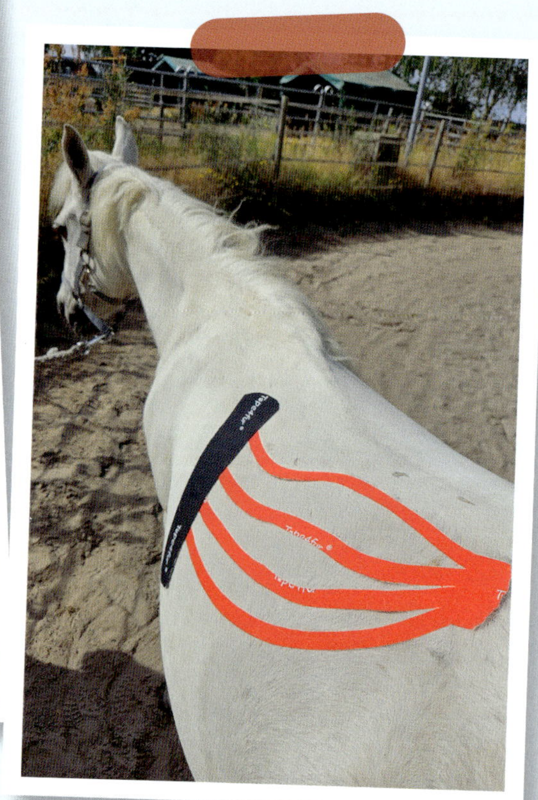

Abb. 11.7: Großflächiges Faszientape der breiten Rückenfaszie.

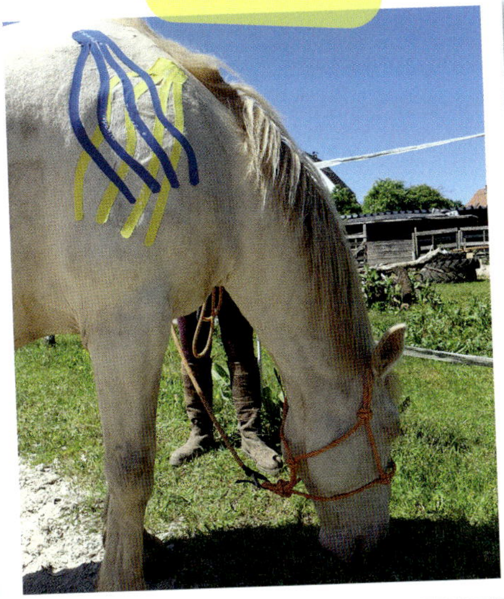

Abb. 11.8: Bidirektionales Faszientaping der Schulterfaszie.

Abb. 11.9: Faszientaping der Halsfaszie mit Queranker.

11.2.4 Schulterfaszie

Verklebung der Schulterfaszie nach Sturz und Aufpralltrauma. Die Faszie ließ sich in mehrere Richtungen nicht gut verschieben. Um die zwei am meisten betroffenen Richtungen abzudecken, wurden zwei Fächertapes genutzt. Beide wurden jeweils in eine Richtung getapt, die sich gut verschieben ließ. Bei den beiden Fächertapes wurde die Vibrationstechnik angewandt. Mit dieser Technik wurde jeder einzelne Finger appliziert.

11.2.5 Halsfaszie

Vermutet wurde ein Ausrutsch-Trauma auf glattem, gefrorenem Boden. Neben muskulären Verspannungen rund um das Genick und den oberen Halsabschnitt sowie Blockierungen im Genick zeigte sich eine deutlich eingeschränkte Verschieblichkeit der Halsfaszie links. Zusätzlich zu Massagen, manueller Therapie und Faszientechnik wurde ein Faszientape auf der linken Halsseite angelegt. Aufgrund des hohen Bewegungsradius der Halswirbelsäule wurde der Hals so gut es ging auf die gegenüberliegende Halsseite vorgedehnt. Die Finger des Fächertapes wurden einzeln, nacheinander mit der Vibrationstechnik getapt, in die Richtung, in die sich die Faszie gut verschieben ließ. Die Fingerenden wurden durch einen spannungsfreien Queranker gesichert.

Kapitel 12

Das Dekompressionstaping

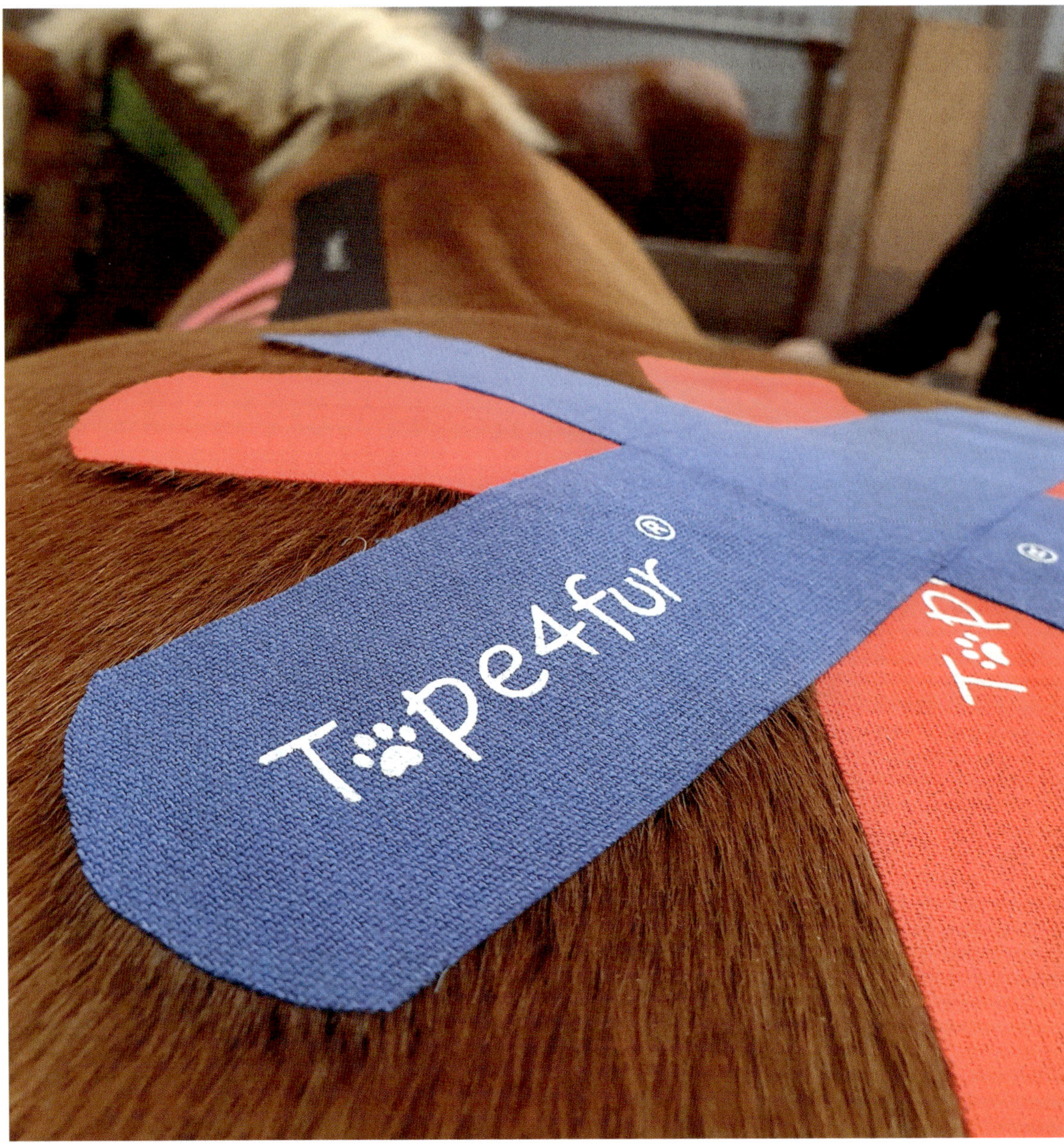

Abb. 12.1: Fertige Anlage eines Dekompressionstapes im Bereich des Kreuzbeins und der ISG-Fugen.

12.1 Einsatzmöglichkeiten für ein Dekompressionstaping

Sobald ein punktuelles bzw. lokales Problem beim Pferd vorliegt, empfiehlt sich das Dekompressionstape. Aufgrund seiner Form wird es häufig als Sterntape bezeichnet. Weitere Namen für diese Anlage ergeben sich aus seiner Wirkung: Schmerzkreuz oder Spacetape. Durch die Überlagerung mehrerer Tapestreifen auf einem bestimmten Areal potenziert sich im Zentrum der Anlage der Anhebe-Effekt. Man kann damit dem komprimierten Gewebe viel Raum verschaffen und die Kompression vermindern. Deshalb der Name Dekompressionstape (obwohl alle Tapinganlagen eine dekomprimierende Wirkung haben, aber bei dieser Anlage ist sie einfach am stärksten) bzw. Spacetape (Space, Engl. = Raum. So benannt, da man mit der Anlage den größten Raumgewinn im Gewebe erzielen kann). Durch diesen großen Raumgewinn hat man auch den höchsten schmerzreduzierenden Effekt, daher der häufig gebrauchte Name Schmerzkreuz.

Am häufigsten wird das Dekompressionstape bei folgenden Problematiken eingesetzt:

Triggerpunkte und schmerzhafte Areale:
Ein Triggerpunkt ist ein stark verspannter, lokal begrenzter Bereich in der Muskulatur. Dieser Punkt ist extrem schmerzhaft und kann auch zu Folgeschmerzen in anderen benachbarten Körperbereichen führen. Schmerzhafte Areale müssen aber nicht zwangsweise Triggerpunkte aufweisen, um mit einem Schmerzkreuz getapt zu werden.

Blockierungen:
Wenn man Gelenkblockierungen z.B. in Lendenwirbelsäule oder den Iliosacralgelenken gelöst hat, ist das umgebende Weichteilgewebe für gewöhnlich immer mit betroffen und kann noch sehr verspannt und schmerzhaft sein. Daher ist es immer sehr wichtig, dieses Weichteilgewebe mit zu behandeln, da es sonst gerade wieder zu Blockierungen kommen kann.

Arthrose:
An der Arthrose selber ändert das Kinesiologische Tape zwar leider nichts, aber es kann die Begleitbeschwerden wie Schmerzen oder Schwellungen lindern. Es kommt oft bei Arthrosen im Karpal- oder Sprunggelenk zum Einsatz oder auch bei Kissing Spines direkt über dem betroffenen Wirbelsäulensegment.

12.2 Wie wird ein Dekompressionstape geklebt?

Damit es eine symmetrische Anlage wird, besteht ein Dekompressionstape aus vier gleich langen I-Tapes. Die Länge wird dem zu tapenden Bereich angepasst. Bei kleinen Bereichen, wie am Sprunggelenk, kann man die Tapestreifen auch der Länge nach halbieren, am Kiefergelenk sogar vierteln. Es wird immer die Inside-Out-Technik angewendet. Hier im ausführlichen Step-by-Step-Beispiel erfolgt die Anlage des Dekompressionstapes im Bereich des Kreuzbeins/ISG-Fugen. Das ist bei Pferden häufig eine Problemzone, die deutlich unter Spannung steht.

Abb. 12.2: Es kommen vier gleichlange I-Tapes zur Anwendung.

- Die Folie wird beim ersten Tapestreifen mittig eingerissen und bis auf ca. 3–5 cm an den beiden Enden abgezogen.
- Das Tape an beiden Enden mit flachen Fingern halten, über dem betroffenen Gebiet zentrieren und mit mittlerem bis starkem Zug entlang des Sakrums (bei anderen Bereichen horizontal) aufkleben.

Abb. 12.3: Trägerfolie mittig einreißen und bis auf die letzten 5 cm an beiden Enden entfernen. Tape mit flachen Fingern fassen.

- Folie an einem Ende abziehen, dabei das Ende am besten umgekehrt auf die Rückseite der Finger legen und dann das Ende ohne Zug und mit Back-up aufkleben. Bitte nicht die Trägerfolie abziehen und direkt beim Abziehen aufkleben, da man dann immer noch die 10 %-Vordehnung im Tape hat!
- Kräftig über das Tape reiben, um den Kleber durch die Wärme zu aktivieren.

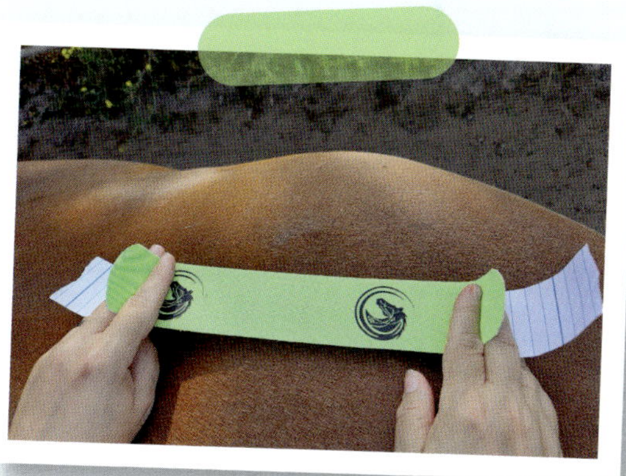

Abb. 12.4: Applikation des Tapestreifens mit flachen Fingern.

- Die Folie des zweiten Tapes wieder wie beim ersten Streifen mittig einreißen und das Papier bis kurz vor den beiden Enden entfernen. Tape mit flachen Fingern halten.
- Den zweiten Tapestreifen im rechten Winkel zum ersten über dem Befund zentrieren und mit leichtem bis mittlerem Zug aufkleben.
- Wie zuvor beschrieben beide Enden wieder spannungsfrei und mit Back-up applizieren.

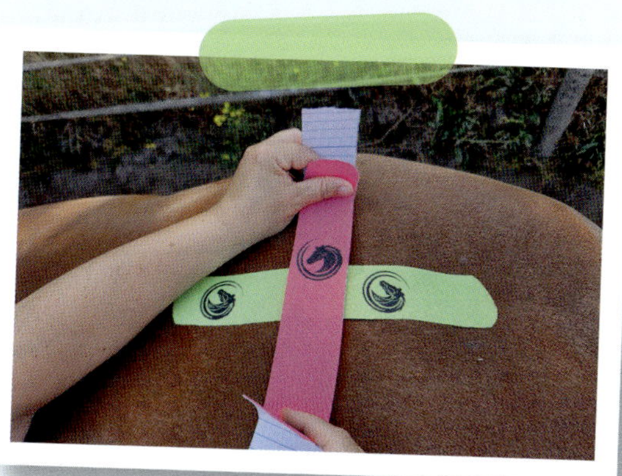

Abb. 12.5: Applikation des zweiten Tapestreifens im rechten Winkel zum ersten.

- Das Reiben zur Aktivierung des Klebers nicht vergessen. Das zweite I-Tape sollte etwas weniger Zug haben als das erste.

- Mit dem dritten und vierten Tape genauso verfahren. Die Mitte des jeweiligen Tapestreifens von innen nach außen dehnen, mit flachen Fingern fassen, über dem Befund zentrieren und dann aufkleben. Die Enden jeweils spannungsfrei tapen.

- Der dritte Streifen wird dabei diagonal zwischen dem ersten und zweiten platziert und mit leichtem Zug appliziert. Anschließend das Tape warm reiben.

Abb. 12.6: Der dritte Streifen wird diagonal getapt.

- Den vierten Streifen ebenfalls diagonal aufkleben, aber in der entgegengesetzten Richtung zum dritten (diagonalen) Streifen. Dabei nur mit ganz minimalem Zug arbeiten, so dass der Streifen gerade eben gespannt ist. Warmreiben nicht vergessen.

- Jeder Tapestreifen wird einzeln warm gerieben.

Abb. 12.7: Der vierte und letzte Tapestreifen wird in der entgegengesetzten Diagonalen aufgebracht.

Bei der Applikation des Sterntapes sollte, wie oben beschrieben, darauf geachtet werden, dass man beim ersten Streifen am meisten Zug hat und die Spannung dann bei jedem weiteren I-Tape etwas weniger wird. Ansonsten kann es einem passieren, dass auf den letzten I-Streifen so viel Zug ist, dass eben dieser Zug auf die darunterliegenden Tapeschichten wirkt und dadurch die gesamte Applikation unter Spannung steht. Das kann so weit gehen, dass es zu einer vorzeitigen Ablösung der Anlage führt.

Über dem getapten Areal liegen nun vier Schichten Kinesiologisches Tape. Jede Schicht hebt das Gewebe ein bisschen mehr an, die Wirkung des »Anhebe-Effektes« potenziert sich. Dadurch entsteht sehr viel Platz in dem extrem verspannten Gewebe und der betroffene Bereich wird dekomprimiert.

Dekompressionstaping verspannter Areale:
Taperichtung: Von innen nach außen, vom Zentrum der Verspannung nach außen
Recoil: Von außen nach innen, zum Zentrum der Verspannung hin
Wirkung: Dekompression und Entlastung verspannter Bereiche

12.3 Weitere Beispiele für Dekompressionstaping

Alle nachfolgenden Tapinganlagen sind unterstützende Maßnahmen zu veterinärmedizinischen und/oder physiotherapeutischen/osteopathischen Behandlungen!

12.3.1 Verspannter Genickbereich

Bei Verspannungen im Genickbereich kann man mit einem Muskeltape entlang des geraden Kopfmuskels (siehe Kapitel 10.3.10) arbeiten. Wenn es eher punktuelle Verspannungen sind, setzt man ein Dekompressionstape ein. Je nachdem, ob die Verspannung einseitig oder beidseitig vorliegt, wählt man nur einen Stern auf der betroffenen Seite oder je einen rechts und links. Da der Bereich rund um das Genick eher klein ist, kann man das Tape der Länge nach halbieren. Eine leichte Vordehnung des Genickbereiches zur gegenüberliegenden Seite ist hier empfehlenswert.

Abb. 12.8: Sterntape bei Triggerpunkt im Genickbereich.

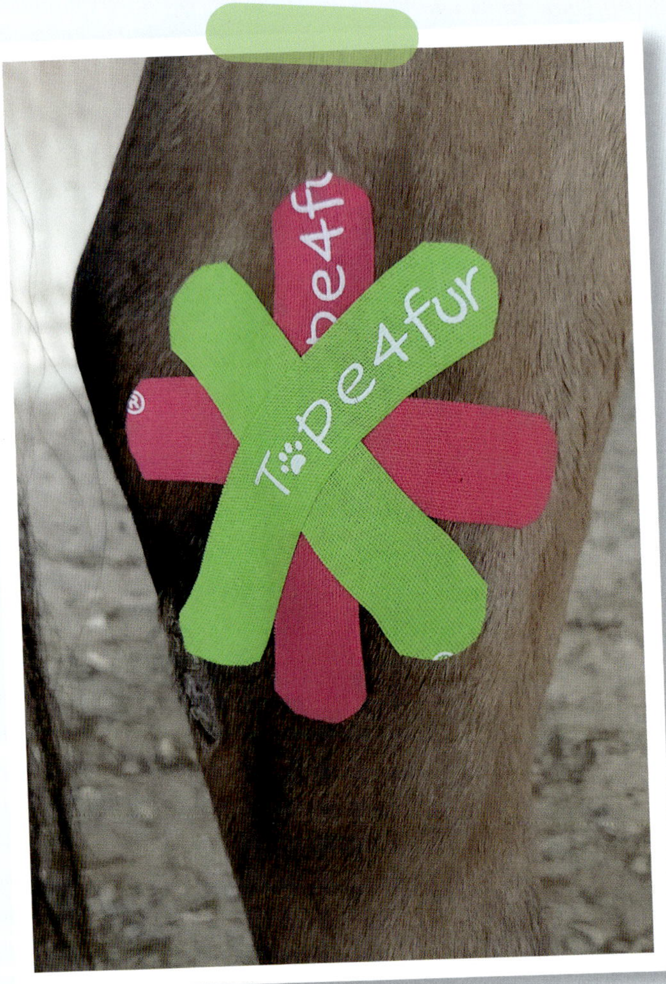

Abb. 12.9: Dekompressionstape bei Arthrose im Sprunggelenk.

12.3.2 Arthrose im Sprunggelenk

Dekompressionstapes sind bei Arthrose generell sehr hilfreich. Sie ändern zwar nichts am Befund selber, können aber die Begleitbeschwerden lindern, wie Steifheit und Schmerzen. Im Bereich der Pferdebeine ist es ratsam, die 5 cm breiten Tapes der Länge nach zu halbieren, da die Beine recht schmal sind und das Sterntape mit 5 cm-Streifen einfach zu groß würden.

Beim Sprunggelenk habe ich die besten Erfahrungen mit je einem Sterntape medial und lateral auf diesem Gelenk angelegt.

Bei einer Arthrose im Karpalgelenk reicht meist ein Sterntape, das direkt von cranial auf das Gelenke getapt wird (siehe dazu auch Abbildung 5.1).

12.3.3 Schmerzhafte Prellungen nach Sturz

Das Sterntape wird nicht ohne Grund auch Schmerzkreuz genannt. Aufgrund der Überlagerung der vier Tapestreifen potenziert sich der Anhebe-Effekt und der Bereich erfährt den größtmöglichen schmerzlindernden Effekt.

Nach einem Sturz waren der Hüfthöcker und das Hüftgelenk geprellt und stark schmerzhaft. Zur Unterstützung der Behandlung mit der Magnetfelddecke wurden je ein Sterntape auf die betroffenen Bereiche aufgeklebt.

Abb. 12.10: Sterntapes auf dem Hüfthöcker und Hüftgelenk zur Schmerzlinderung.

12.3.4 Verspanntes Kiefergelenk nach Zahnbehandlung

Nach langwierigen Zahnbehandlungen, wenn das Maul des Pferdes beispielsweise länger mit dem Maulgatter manuell offengehalten wurde, kann es zu Verspannungen oder sogar Kiefergelenks-Blockierungen kommen. Unterstützend zur Behandlung hat sich ein Dekompressionstape, das auf den betroffenen Kiefergelenken appliziert wird, bewährt. Bei einer Behandlung in diesem Bereich sollten die Tapestreifen der Länge nach halbiert werden, wenn nicht sogar geviertelt, damit der Stern nicht zu groß wird. In Abb. 12.11 wurde das Dekompressionstape noch zusätzlich mit einem Faszientape kombiniert, da auch die Faszie in diesem Areal verspannt war.

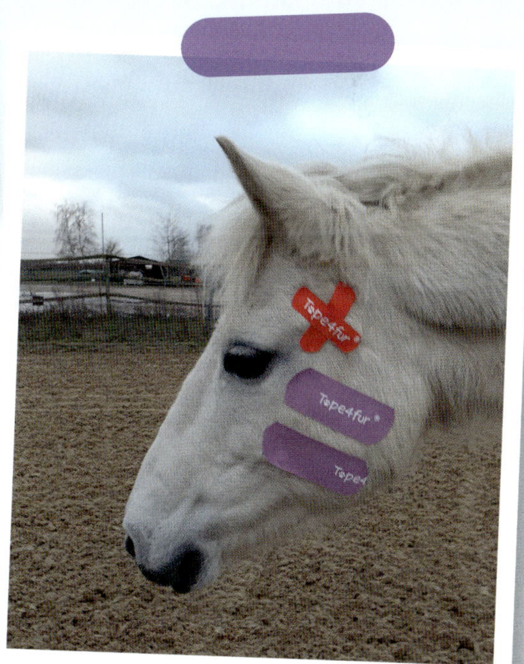

Abb. 12.11: Dekompressionstape über dem Kiefergelenk in Kombination mit einem Faszientape der Schädelfaszie.

Kapitel 13

Das Stabilisierungstaping

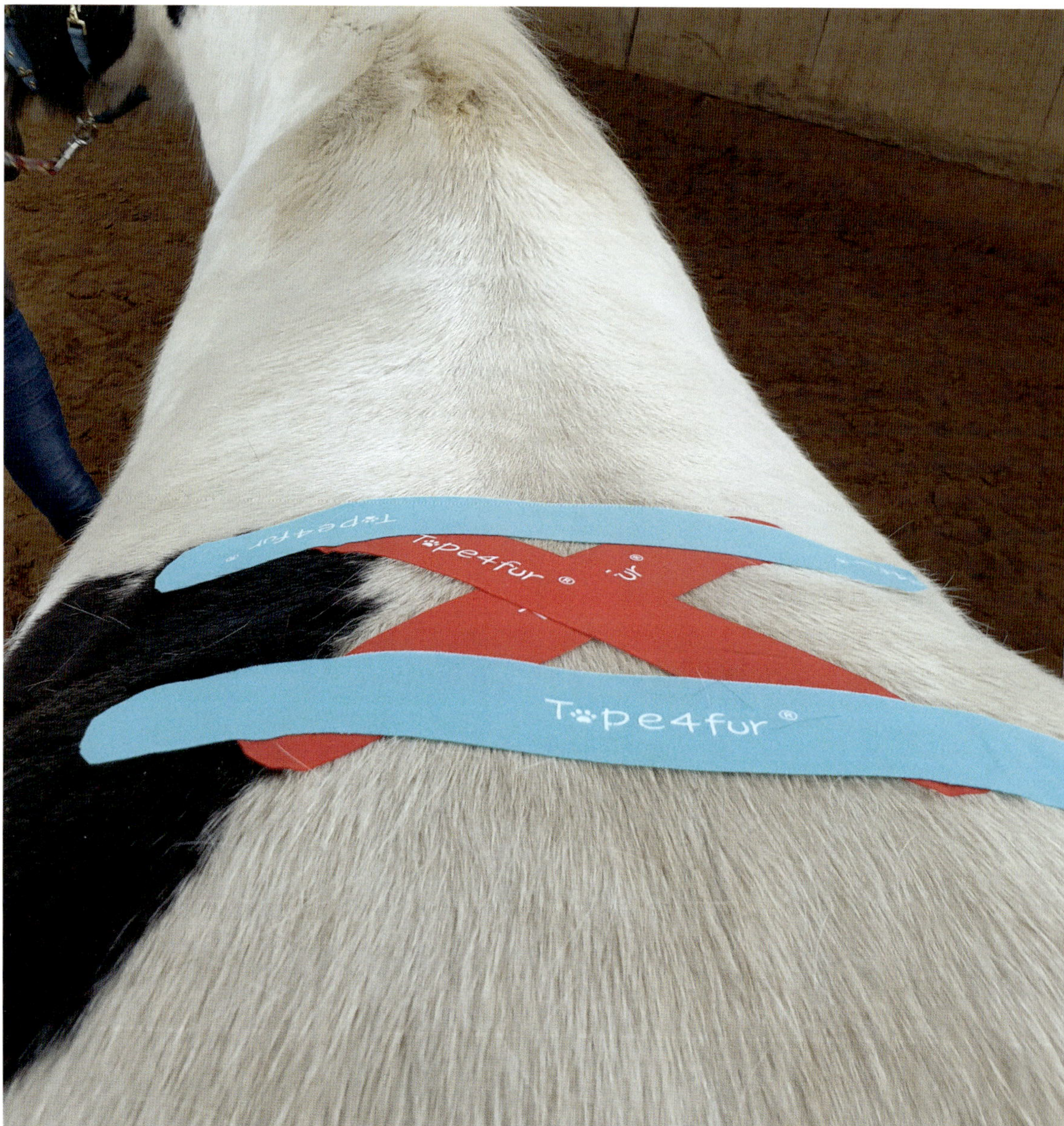

13.1 Wo und wann ist ein Stabilisierungstaping hilfreich?

Es gibt immer wieder Pferde, die aufgrund ihrer Anatomie nicht wirklich gut als Reitpferde geeignet sind. Dies sind meistens Pferde mit extrem langem Hals und/oder langem Rücken, die sich dabei auch noch sehr schwertun, Muskulatur aufzubauen bzw. Muskulatur zu erhalten. Auch Pferde mit sehr kurzem Rücken haben oft Probleme mit dem Reitergewicht.

Außerdem gibt es generell beim gerittenen Pferd Gelenke und Bereiche, die bisweilen mehr Belastung aushalten müssen, als ihnen guttut. Bei den belasteten Bereichen handelt es sich meistens um den Übergang von Lendenwirbelsäule zum Kreuzbein, die Kreuz-Darmbein-Gelenke sowie den Genickbereich, vom Hinterhauptsbein bis zum 2. Halswirbel. Auch der Übergang von Hals- zu Brustwirbelsäule ist oftmals problematisch. Allerdings liegt er so tief unter den Schulterblättern, dass er mit Kinesiologischem Tape nicht wirklich gut zu erreichen ist.

Schwächen in den zuvor genannten Bereichen zeigen sich oftmals durch ungleichmäßige Verspannungen in den betroffenen Gelenkbereichen bis hin zu Gelenkblockierungen. Mit Hilfe von Massagen, Dehnungsübungen und manueller Therapie kann man diese Gelenkbereiche unterstützen, lockern und mobilisieren. Damit sie nicht wieder in das vorherige Haltungsmuster zurückfallen, kann man ihnen mit dem Stabilisierungstape einen zusätzlichen Halt geben.

Man kann das Stabilisierungstape aber auch präventiv einsetzen, wenn man weiß, dass das Pferd einen körperlichen Schwachpunkt hat, z.B. bei sehr durchtrittigen Pferden mit schwacher oder zu langer Fesselung des Fesselkopfes.

13.2 Wie wird ein Stabilisierungstape geklebt?

Man benötigt 2 x 2 I-Tapes (Ausnahmen werden in den Beispielen unter Abschnitt 13.3 aufgeführt). Die benötigte Länge wird dem Bereich entsprechend abgemessen. Es wird immer die **Inside-Out-Technik** eingesetzt und die **Spannung dabei erhalten**!

Wie beim Dekompressionstaping im vorherigen Kapitel werden die Folien der I-Tapes immer mittig eingerissen, Folie bis ca. 3–5 cm vor den Enden abziehen und mit mittlerem Zug aufkleben. Die Enden werden wie gehabt ohne Zug appliziert. Flache Finger nicht vergessen!

ABER: Beim Sterntape kleben wir den mittleren Teil auf und lassen diesen dann los, um die Enden aufzukleben. Aufgrund der Vordehnung des Tapes erfolgt im Moment des Loslassens sofort ein leichter Recoil des Tapes bis die Enden fixiert sind.

Besonderheit des Stabilisierungstapings

Abb. 13.1: Fixierung des Wirkungsbereiches des Tapes, um den primären Recoil zu verhindern.

Beim Stabilisierungstape soll dieser primäre Recoil vermindert, wenn nicht gar verhindert werden. Daher wird das Tape mit der gewünschten Dehnung aufgeklebt und dann sofort mit einer Hand oder dem Unterarm fixiert. Unter dieser Fixierung werden dann mit der anderen, freien Hand die Enden nacheinander wie üblich komplett ohne Zug aufgeklebt.

Tipp: Die Technik des Aufklebens, Fixierens und Enden-Aufklebens erfordert etwas Übung. Ich »missbrauche« da gerne die anwesenden Pferdebesitzer oder Reiter als Assistenten. Ich klebe den mittleren Teil des I-Tapes auf und lasse es dann vom Pferdebesitzer fixieren, während ich in aller Ruhe die Enden appliziere (Abb. 13.2 und 13.3).

Wie es genau abläuft, wird hier am Beispiel des Kreuzbeins und der Iliosacralfugen erklärt:

- Man benötigt vier gleich lange I-Tapes mit abgerundeten Ecken.

- Die Trägerfolie mittig beim ersten Tapestreifen einreißen und bis ca. 5 cm vor beiden Enden abziehen und mit flachen Fingern fassen.

- Die Mitte des Tapestreifens wird über dem Kreuzbein im 45-Grad-Winkel zentriert.

- Das Tape wird dann mit mittlerem Zug aufgeklebt, der Wirkungsbereich des Tapestreifens wird **sofort mit den Händen fixiert und festgehalten**!

- Während der mittlere Abschnitt des Tapes so festgehalten wird, an einem Ende die Folie entfernen und komplett ohne Zug und mit Back-up aufkleben. Wirkungsbereich weiterhin fixieren. Mit dem anderen Ende genauso verfahren.

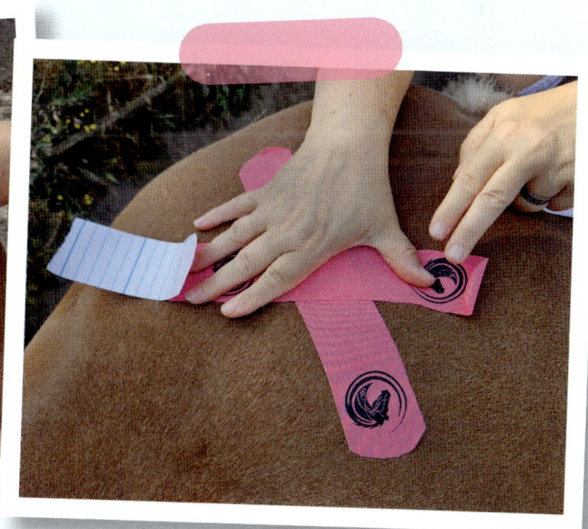

Abb. 13.2 + 13.3: Unter Fixierung des Wirkungsbereiches werden die Enden spannungsfrei nacheinander appliziert.

- Jetzt kann die Fixierung des Wirkungsbereiches gelöst und die Hand vom Tape entfernt werden.

- Kräftig über den Tapestreifen reiben, um den Kleber zu aktivieren.

- Beim Anbringen des zweiten Tapestreifens wird genauso vorgegangen (Fixierung des Wirkungsbereiches bis die Enden spannungsfrei getapt sind), er wird aber in einem 45-Grad-Winkel in der entgegengesetzten Richtung angebracht (Zentrum über dem Kreuzbein). Dadurch ergibt sich über dem Bereich des Kreuzbeins ein »X«.

- Den zweiten Tapestreifen ebenfalls warm reiben.

- Auch der dritte und vierte Tapestreifen wird mit dieser oben beschriebenen Technik aufgeklebt, allerdings jeweils rechts und links vom Sakrum, direkt über dem Verlauf der Iliosacralfugen.

- Wieder jeden Tapestreifen einzeln zur Kleberaktivierung warm reiben.

Zur besseren Unterscheidung wurde im Beispiel das »X« in Blau getapt und die Stabilisierungstapes direkt auf den Iliosacralfugen in Gelb.

Durch die gehaltene Spannung und die Unterdrückung des primären Recoils stabilisiert das »X« das Sakrum, die seitlichen Streifen sind eine zusätzliche Stabilisierung für die Iliosacralfugen.

Tipp: Bei Pferden, die sehr lange Strecken im Pferdehänger oder Transporter fahren müssen, sind Stabilisierungstapes für das Kreuzbein und die ISG-Fugen eine tolle Unterstützungsmöglichkeit der betroffenen Gelenke. Die Pferde sind während der Fahrt die ganze Zeit mit Ausbalancieren beschäftigt, da muss dieser Körperbereich viel »arbeiten«.

Abb. 13.4: Fertige Anlage eines Stabilisierungstapes für das Kreuzbein und die Iliosacralfugen.

Stabilisierungstaping:
Taperichtung: Von innen nach außen, die Spannung wird gehalten!
Recoil: Durch die gehaltene Spannung wird der Recoil vermindert bzw. unterdrückt.
Wirkung: Durch die gehaltene Spannung des Tapes wird die Stabilität in dem Bereich unterstützt. Das Kreuz unterstützt direkt den betroffenen Bereich, die parallelen Querstreifen die Gelenkspalten.

13.3 Weitere Beispiele für Stabilisierungstapes

Alle nachfolgenden Tapinganlagen sind unterstützende Maßnahmen zu veterinärmedizinischen und/oder physiotherapeutischen/ osteopathischen Behandlungen! Sie können im Reha-Bereich eingesetzt werden oder auch präventiv im Training oder bei Gelenkschwäche.

13.3.1 Übergang Lendenwirbelsäule-Kreuzbein

Mit der zuvor beschriebenen Technik wird ein Kreuz direkt auf dem Lumbo-sakralen-Übergang geklebt. Die blauen Tapestreifen in Abb. 13.4 sind auf diesem Übergang zentriert.
In diesem Beispiel wird der 3. und 4. Tapestreifen nicht über den Ilioscralfugen ausgerichtet, sondern über dem letzten Lendenwirbel und der Vorderkante des Kreuzbeins, um die am Gelenk beteiligten Knochen zusätzlich zu stabilisieren.
Alle Stabilisierungstapes entlang der Brust- und Lendenwirbelsäule folgen diesem Prinzip: Kreuz direkt auf das betroffene Segment und je ein Quertape auf den beteiligten Wirbeln vor und hinter dem betroffenen Segment.

Abb. 13.5: Stabilisierungstape des Überganges zwischen Lendenwirbelsäule und Kreuzbein.

Abb. 13.6: Stabilisierungs-Kreuz am Übergang zwischen dem 1. und 2. Halswirbel.

13.3.2 Genick bis 2. Halswirbel

Mit der oben beschriebenen Technik wird ein Kreuz auf den betroffenen Bereich geklebt (hier 1. und 2. Halswirbel). Auch hier kann man dann zwei weitere I-Tapes parallel zum Wirbelgelenk kleben. Da der Bereich aber etwas kleiner ist, als der der beiden zuvor beschriebenen Anlagetechniken, verwende ich meistens nur ein 7,5 cm breites I-Tape direkt über dem Gelenk.

13.3.3 Untere Halswirbelsäule

Im Bereich der unteren Halswirbelsäule sehen Stabilisierungstapes genauso aus wie im Bereich der Brust- und Lendenwirbelsäule: In der beschriebenen Technik wird ein Kreuz auf dem betroffenen Gelenkspalt appliziert und ein Quertape auf dem jeweiligen Wirbel vor und hinter dem Gelenkspalt. Da die Halswirbel aufgrund ihrer Anatomie anders »zugänglich«

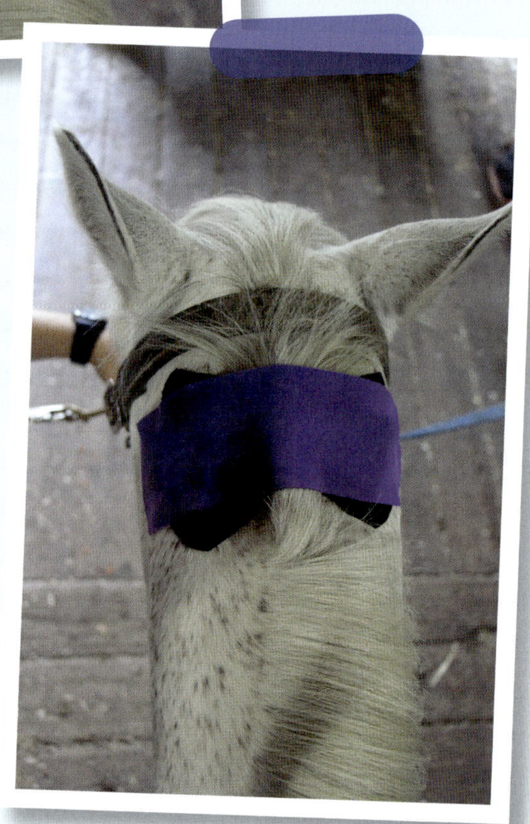

Abb. 13.7: Quertape der Stabilisierungsanlage im Bereich der oberen Halswirbelsäule.

Abb. 13.8: Stabilisierungstape im Bereich der unteren Halswirbelsäule.

sind als die Brust- und Lendenwirbel, empfehle ich immer das Stabilisierungstape auf beiden Seiten des Halses aufzukleben und dabei den Hals immer leicht zur jeweils gegenüberliegenden Seite vorzudehnen. So wird dem hohen Bewegungsradius in diesem Bereich etwas entgegengewirkt.

13.3.4 Karpalgelenk

Das Karpalgelenk bildet eine der zuvor genannten Ausnahmen, da es hier, aufgrund der Anatomie des Gelenkes, drei Gelenkspalten gibt. Alle drei können von einer Instabilität bzw. von einer Blockierung betroffen sein. Man beginnt auch hier in der beschriebenen Technik zu tapen, mit dem Kreuz aus zwei I-Tapes direkt cranial auf dem Karpalgelenk. Dabei ist zu empfehlen, das Bein anzuheben und das Gelenk leicht anzuwinkeln, damit in der natürlichen Bewegung und beim Anwinkeln des Beines beim Laufen nicht zu viel Spannung auf die Tapinganlage kommt. Anschließend kann man die Quertapes auf den betroffenen Gelenkspalten applizieren. In Abbildung 13.9 wurden alle drei Gelenkspalte getapt.

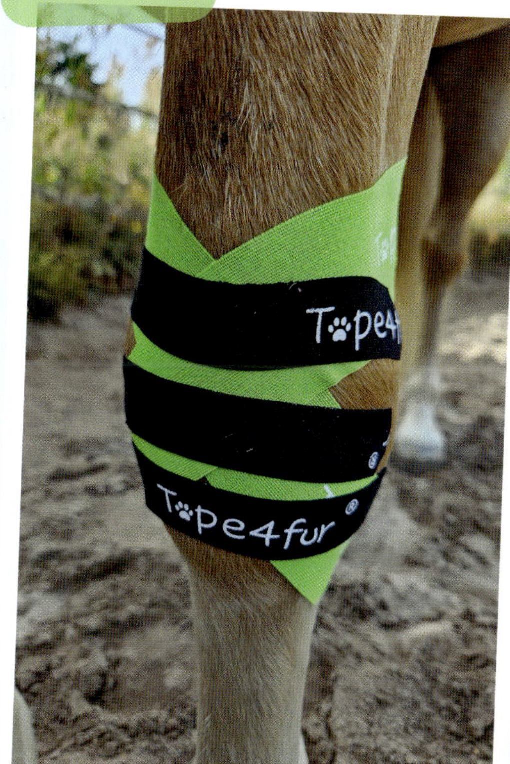

Abb. 13.9: Stabilisierungstape des Karpalgelenkes mit drei betroffenen Gelenkspalten.

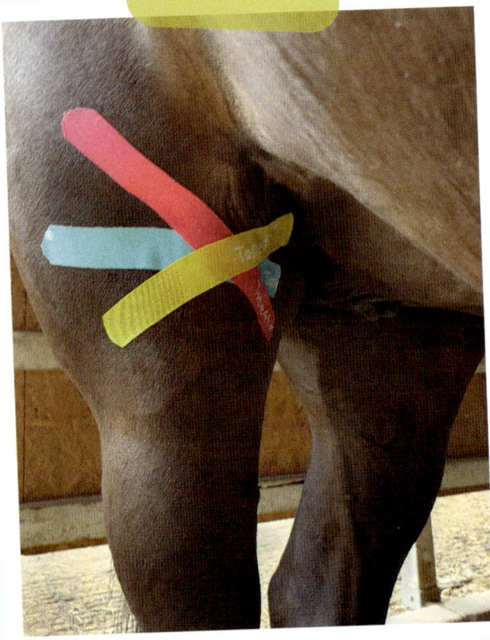

Abb. 13.10: Stabilisierungstape des Kniegelenkspaltes.

13.3.5 Knie

Auch das Knie bildet eine kleine Besonderheit beim Stabilisierungstape. In diesem Fall wird nur der Kniegelenkspalt getapt. Es wird mit dem üblichen Kreuz in der beschriebenen Technik gearbeitet sowie ein zusätzlicher Querstreifen direkt über dem Kniegelenkspalt angebracht. Man muss auf jeden Fall darauf achten, dass man an der Beininnenseite nicht zu weit mit dem Tape nach innen kommt, denn in diesem Bereich ist der Hautfettanteil sehr hoch und das Tape haftet dort nicht so gut. Quertapes oberhalb und unterhalb des Kniespaltes anzulegen, ist nicht optimal, da man mit dem proximalen Querstreifen die Kniescheibe in ihrem Bewegungsradius und Gleiten einschränken könnte.

Eine weitere Möglichkeit zur Stabilisierung des Knies sowie der gesamten Hintergliedmaße ist das Knieschlingen-Tape. Es wird ausführlich im Kapitel 19 beschrieben.

13.3.6 Fesselgelenk

Die Stützung des Fesselkopfes ist bei sehr durchtrittigen Pferden ratsam. Aber auch bei diagnostizierten Sehnen- oder Fesselträgerschäden sollte der Fesselkopf immer mit gestützt werden, um einer weiteren Überdehnung der Sehne entgegenzuwirken. Eine ausführliche Anleitung dazu findet sich im Kapitel 16.2.1 – Sehnentaping, da das Fesselkopf-Stütztape immer eine Vorstufe zum eigentlichen Sehnentaping ist.

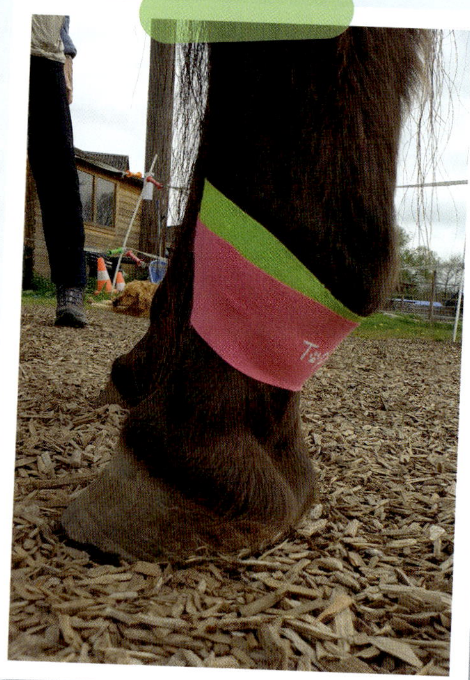

Abb. 13.11: Anlage eines Fesselkopf-Stütztapes.

13.3.7 Sprunggelenk

Instabilität im Sprunggelenk sieht man sehr häufig bei älteren Pferden. Es kann kombiniert getapt werden mit Muskeltapes für die Hinterbacken- und Wadenmuskulatur (siehe Kapitel 10) oder auch nur als Stabilisierungstape des Sprunggelenkes. Dies richtet sich nach dem muskulären Zustand. Es wird mit der zuvor beschriebenen Stabilisierungstechnik je ein I-Tape oberhalb und unterhalb des Sprunggelenkhöckers quer zur Beinrückseite appliziert (Blau und Gelb) und dann, ebenfalls mit der gleichen Technik, ein Tapestreifen lateral und medial senkrecht über das Sprunggelenk getapt. Der mediale Streifen ist aufgrund des Aufnahmewinkels nicht zu sehen, verläuft aber genauso wie auf der lateralen Seite (grüner Tapestreifen).

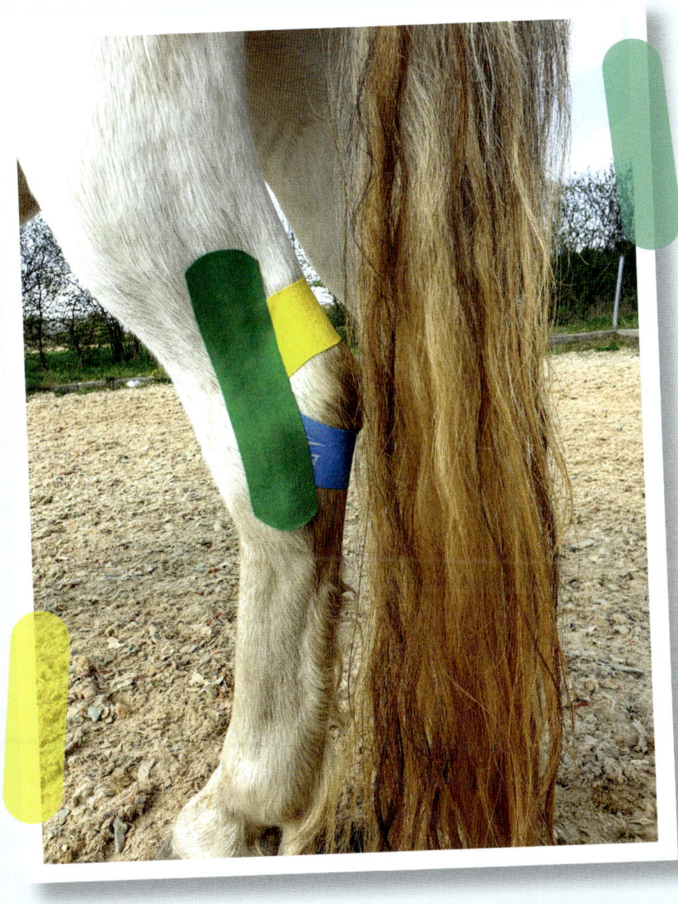

Abb. 13.12: Stabilisierungstape für das Sprunggelenk.

Kapitel 14

Das Lymphtaping

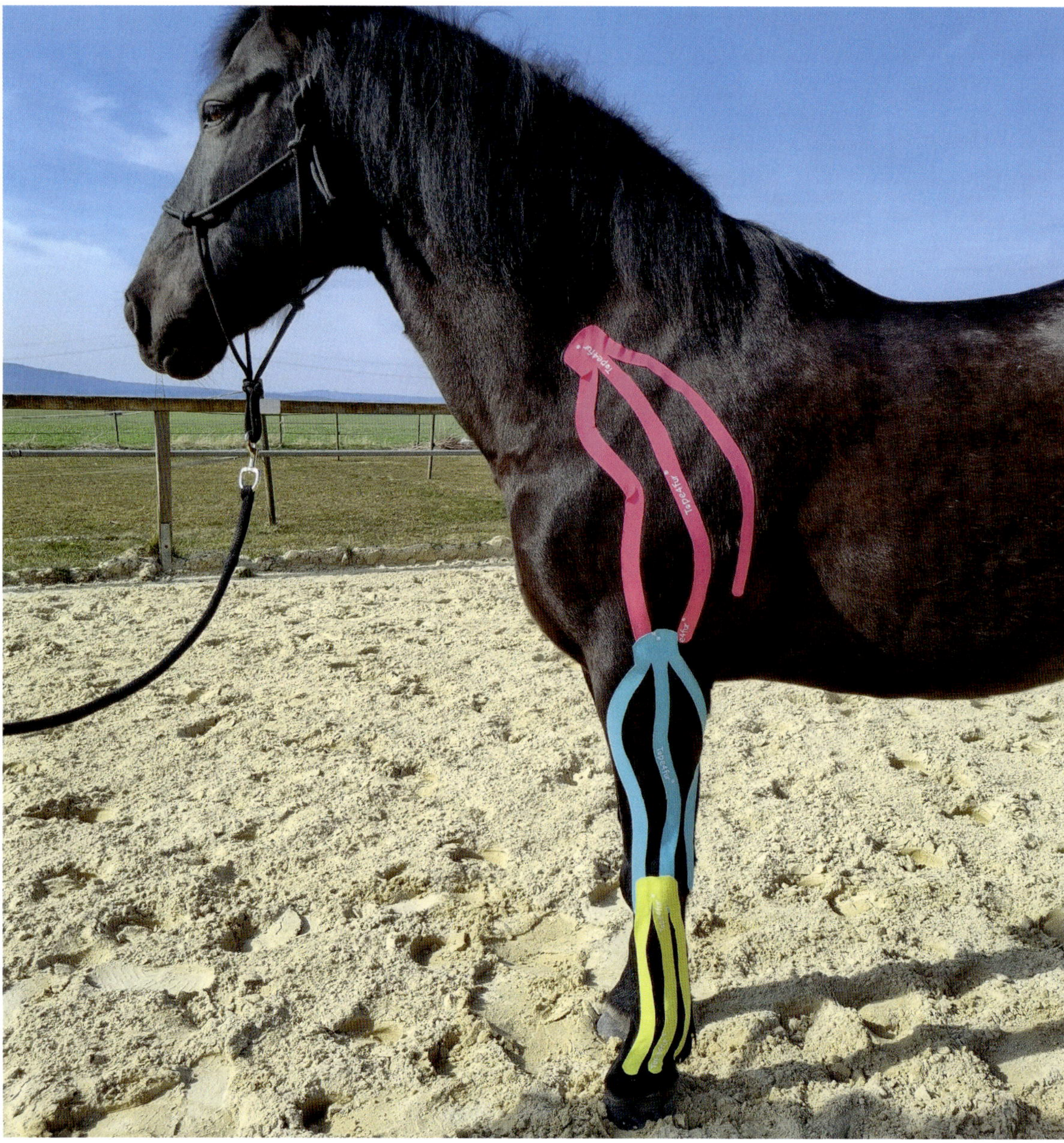

Abb. 14.1: Schematische Darstellung der Hauptlymphknotenpunkte und ihrer Zuflussgebiete.

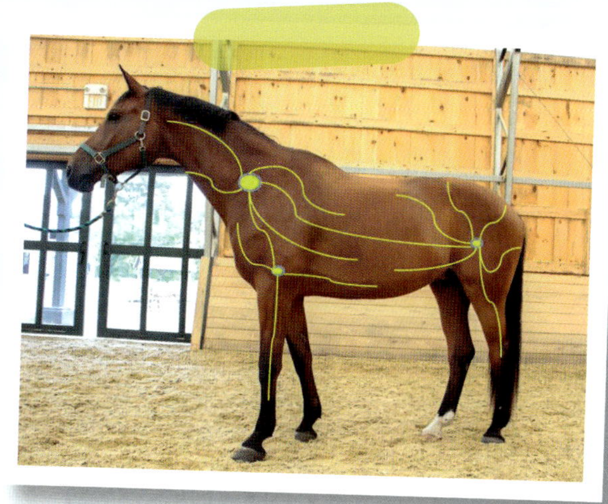

14.1 Die Lymphe und das Lymphsystem

»Lympha« ist lateinisch und bedeutet »klares Wasser«. Gesunde Lymphflüssigkeit ist eine klare gelbliche Flüssigkeit und bildet die Zwischenstufe zwischen dem Blutplasma und der Gewebeflüssigkeit.

Die freie Lymphflüssigkeit wird von feinsten Lymphkapillaren aus dem Gewebe aufgenommen. Diese Kapillaren münden in größere Lymphgefäße und diese in die Lymphknoten, die als Sammelstelle und Filter für die Lymphe dienen. Von dort wird die Lymphe weitergeleitet bis zum Hals-Venenwinkel, wo sie dann wieder dem Blutkreislauf zugeführt wird. In Abb. 14.1 sind die wichtigsten Lymphknotengebiete schematisch eingezeichnet: der axilläre Lymphknoten an der Innenseite des Vorderbeines und der Leistenlymphknoten an der Innenseite des Hinterbeins sowie der Schaltlymphknoten vor dem Halsvenenwinkel. Die Linie verdeutlichen grob die Zuflussgebiete der jeweiligen Lymphknotenzentren.

Die Lymphe transportiert Stoffe, die nicht im Blutkreislauf transportiert werden können. In den Lymphknoten wird die Lymphe nicht nur gereinigt, sondern dort werden auch Lymphozyten gebildet. Diese sind an der Fremdkörperabwehr beteiligt und somit ein großer Bestandteil des Immunsystems.
Durch Infektionen, Verletzungen oder auch manchmal nur durch Boxenruhe versackt Gewebeflüssigkeit in die Extremitäten der Pferde. Durch das erhöhte Volumen und den damit gesteigerten Druck auf die Lymphkapillaren, kann es passieren, dass sich diese verschließen und nicht mehr in der Lage sind, die gestaute Flüssigkeit aufzunehmen und abzutransportieren.

In solch einem Fall hilft eine Lymphdrainage, eine spezielle, sehr sanfte Form der Massage, durch die das Lymphsystem und die Hauptlymphknoten angeregt werden und die Flüssigkeit abtransportiert werden kann. Zur Unterstützung der Lymphdrainage kann man ein Lymphtape kleben.

14.2 Wie wird ein Lymphtaping geklebt?

Die wichtigste Tapeform ist in diesem Fall das Fächertape, das man bei Bedarf zu einer »Lymphreihe« oder einem »Gitterkorb« kombinieren kann. Der Fächer besteht aus einem geschlossenen Ende (der Basis) mit 3–5 Fingern (siehe Kapitel 7.3). Es empfiehlt sich hier oftmals ein breiteres (7,5 cm) Kinesiologisches Tape zu nehmen, da man dann mehr Finger schneiden kann und mit dem breiteren Tape mehr Fläche abdecken kann.

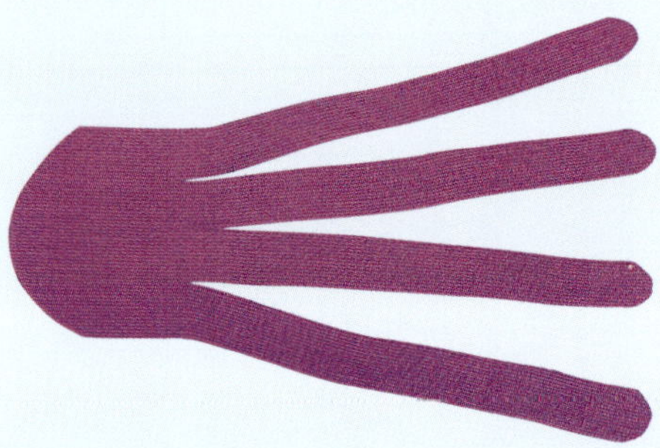

Abb. 14.2: Beim Lymphtaping wird immer das Fächertape verwendet.

Auch beim Lymphtape wird mit der End-to-End-Technik gearbeitet. Und zwar immer mit der geschlossenen primären Basis nah am Lymphknoten beginnend und dann mit den Fingern in die distale Richtung zur Schwellung hinarbeiten. Dadurch ergibt sich stets ein Recoil in Richtung des Lymphknotens. Diese Zugrichtung des Tapes gibt der gestauten Lymphflüssigkeit die Abflussrichtung vor.

Generell gilt für das Aufbringen eines Lymphtapes:

- Es werden drei bis vier Fächertapes mit relativ langen Fingern benötigt, je nachdem, in welcher Höhe die Schwellung am Bein sitzt.
- Es empfiehlt sich bei den Fächertapes am Übergang der Finger zur Basis die Trägerfolie auf der Rückseite einzureißen und umzuknicken (siehe Abb.14.3). Dies ermöglicht es einem, die jeweiligen Finger bei der Applikation besser zu fassen zu bekommen.

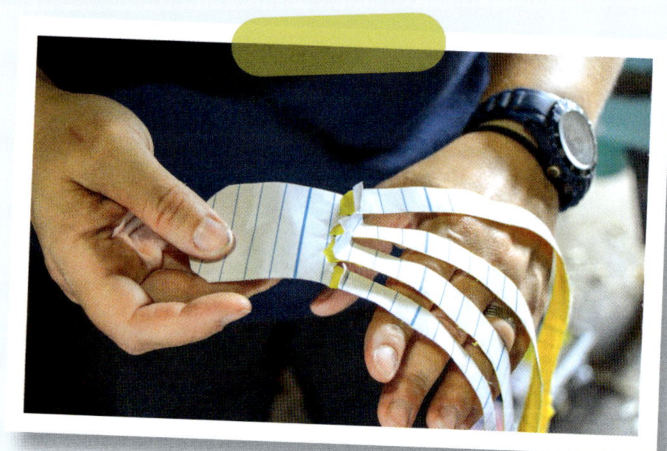

Abb. 14.3: Die Trägerfolie am Ansatz der Finger schon mal einreißen und umknicken, damit man es beim Aufkleben dann leichter und schneller fassen kann.

- Wenn die Vorhand betroffen ist, sollte man bei der Applikation des ersten Fächertapes einen Helfer bitten, den Hals des Pferdes auf die gegenüberliegende Seite zu dehnen. Somit wird verhindert, dass die primäre Basis unter zu starke Spannung kommt, sollte das Pferd den Kopf und Hals mal nach hinten drehen. Bei der Hinterhand ist dies nicht notwendig, da dort nicht dieser Bewegungsradius herrscht.

- Die Trägerfolie an der Basis des Fächertapes entfernen. Diese über dem Hauptlymphknoten am Hals-Venenwinkel der Vorhand bzw. in Höhe des Leistenlymphknotens an der Hinterhand zentrieren und ohne Dehnung aufkleben.

- Zur Applikation wird der so genannte Off-paper-Stretch, also die 10 %-Vordehnung des Tapes verwendet, mit der es auf der Trägerfolie aufgebracht ist. Während man die Trägerfolie abzieht, direkt den jeweiligen Finger aufkleben (siehe Abb. 14.4). Nacheinander die Finger des Fächertapes in Richtung der Extremität/Schwellung möglichst großflächig in gerader oder Wellenform aufbringen. Die Wellenform ist oft zu empfehlen, da man dadurch eine größere Fläche abdecken kann.

- Die Enden der Tapefinger werden wie immer komplett ohne Dehnung aufgeklebt.

- Nach Applikation aller Tapefinger eines Fächertapes kräftig über die Tapestreifen reiben, um durch die Reibungswärme den Kleber zu aktivieren. Vorsicht mit den dünnen Tapefingern! Am besten immer von der Basis zu den Fingerenden reiben und nicht umgekehrt, um nicht aus Versehen die dünnen Fingerenden abzuschubbern.

Abb. 14.4: Die Finger des Fächertapes werden direkt beim Abziehen der Trägerfolie aufgeklebt. Man nutzt dabei die 10 %-Vordehnung des Tapes. Man nennt dies auch Off-paper-Stretch.

Lymphtaping mit End-to-End-Technik:
Taperichtung: Vom Lymphknotenzentrum zur Schwellung
Recoil: Von der Schwellung zum Lymphknotenzentrum
Wirkung: Unterstützung des Abflusses gestauter Lymphflüssigkeit

14.2.1 Die Lymphreihe

Hat man eine Extremität, egal ob Vorhand oder Hinterhand, die komplett geschwollen und dick ist, sollte man die Fächertapes entlang dieser Schwellung zu einer »Lymphreihe« aneinanderfügen.

Dabei wird immer körpernah am Lymphknotenzentrum begonnen und zur Schwellung hin getapt. Ähnlich wie bei einem Verkehrsstau muss man den Stau am Anfang auflösen und den Autos bzw. der Lymphflüssigkeit Platz zum Wegfahren/Abfließen schaffen.

- Das erste Fächertape wird wie oben beschrieben getapt.
- Die Basis des zweiten Fächertapes wird ohne Dehnung überlappend auf mindestens ein Fingerende des ersten Fächertapes aufgeklebt, um die Reihe nicht zu unterbrechen und einen kontinuierlichen Lymphrückfluss anzuregen (siehe Abb. 14.6).

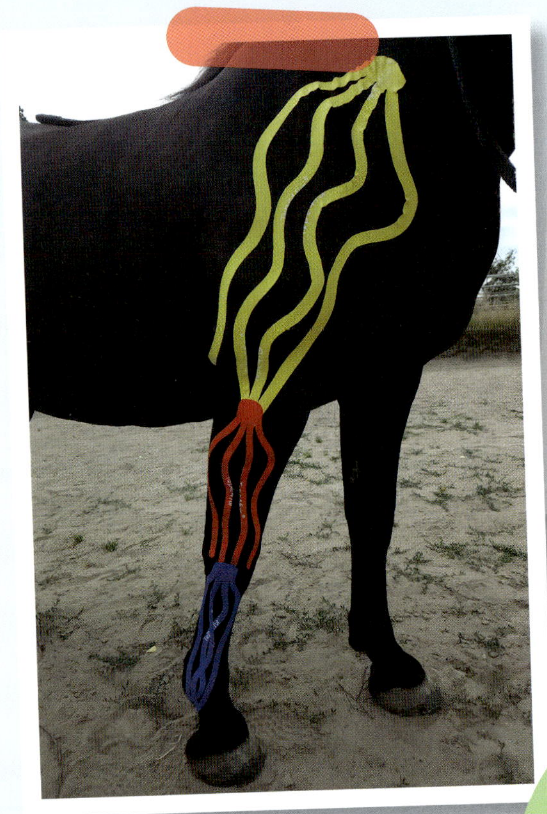

Abb. 14.5: Eine »Lymphreihe« am Vorderbein vom Halsvenenwinkel bis zum untersten Punkt der Schwellung im Bein.

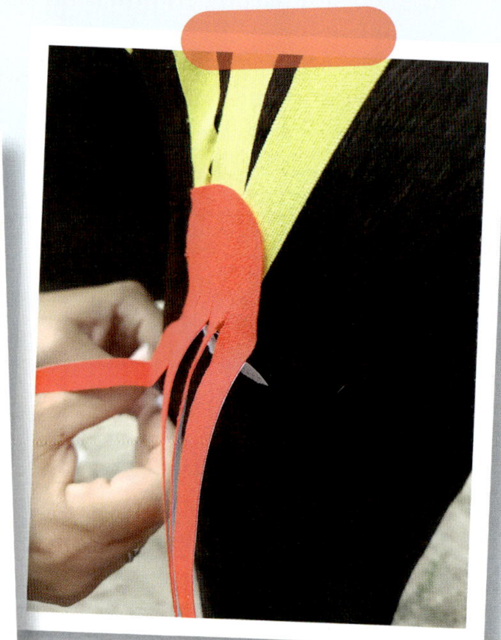

Abb. 14.6: Die Basis des Folge-Tapes wird überlappend mit den Fingern des vorausgegangenen Fächertapes getapt, um den Lymphfluss nicht zu unterbrechen.

Applikation der Lymphreihe

Abb. 14.7: Ein »Gitterkorb« im Bereich der unteren Extremität.

- Mit dem dritten Fächertape verfährt man in gleicher Weise – spannungsfreie Basis auf die Fingerenden des vorherigen Fächertapes applizieren – und arbeitet sich so weiter nach distal in Richtung Schwellung fort, bis die Schwellung komplett abgedeckt ist.
- Es ist besser, mehrere Fächertapes aneinanderzureihen, als ein ganz langes Fächertape zu verwenden. Über die Länge der Finger geht doch einiges an Recoil verloren.

14.2.2 Der Gitterkorb

Findet sich eine Schwellung nur im unteren Bereich der Extremität und ist der Lymphfluss in dem Bereich oberhalb der Schwellung noch funktionsfähig, kann man die Lymphtape-Variante des »Gitterkorbs« nutzen.

- Es werden 2 bis 4 Fächertapes in der am Anfang beschriebenen Technik getapt.
- Die Basen der Fächertapes beginnen alle auf derselben Höhe, etwas oberhalb der Schwellung. Die Finger werden alle nach distal zur Schwellung hin ausgerichtet. Sie werden versetzt überlappend getapt, so dass sich daraus ein Gitternetz ergibt, das die Schwellung möglichst komplett abdeckt.

Abb. 14.8: Gitterkorb an der Innenseite des Sprunggelenkes mit Sicherung durch zwei Queranker.

- Die Basen der Tapes zeigen auch dabei in Richtung Lymphknoten, aber immer in unterschiedlichen Winkeln. So setzt eines zum Beispiel auf der Beinvorderseite an und die Finger verlaufen schräg über die mediale oder laterale Seite des Beines. Ein weiteres Tape kann medial ansetzen und schräg nach cranial oder caudal verlaufen. Ebenso auf der lateralen Beinseite oder auf der Beinrückseite nach schräg-vorne verlaufend.

- Die Finger der verschiedenen Fächertapes überkreuzen sich dadurch und ergeben das Muster eines Gitterkorbes.

Man kann auch die »Lymphreihe« mit einem »Gitterkorb« kombinieren, von oben nach unten die Reihe kleben und im unteren Bereich der Extremität mehrere Fächertapes in einem »Gitterkorb« anordnen. Das hängt ganz von der jeweiligen Situation und Schwellung ab bzw. den Vorlieben des Therapeuten.

Generell empfiehlt es sich beim Lymphtaping, die vielen dünnen Fingerenden mit einem oder mehreren »Ankern« zu fixieren. Diese sind I-Tapes, die **komplett ohne Zug und Spannung** appliziert werden. Sie dienen dem Schutz und der zusätzlichen Fixation der eigentlichen Tapinganlage und sollten diese ansonsten nicht beeinflussen. Aus diesem Grund ist es so wichtig, dass diese spannungsfrei sind! Man kann die Anker entweder einmal rund um die Extremität kleben oder nur im Bereich der Fingerenden und dabei möglichst alle Fingerenden der Fächer abdecken.

HINWEIS: Bei vielen Lymphtapes ist bereits nach 24 Stunden ein deutlicher Rückgang der Schwellung zu sehen. Die Tapinganlage steht dann oftmals nicht mehr unter Spannung, eben weil sich das Volumen der Schwellung zurückgebildet hat. Sollte das Kinesiologische Tape aufgrund dessen durchhängen, kann es entfernt werden. Es hat seine Wirkung getan und ohne Spannung kaum noch Einfluss auf den Lymphfluss. Gegebenenfalls kann ein neues Lymphtape angelegt werden, was der noch verbliebenen Schwellung angepasst wird.

Abb. 14.9: Lymphtape der unteren Extremität nach Trittverletzung.

14.3 Beispiele für Lymphtapings

Alle nachfolgenden Tapinganlagen sind unterstützende Maßnahmen zu veterinärmedizinischen und/oder physiotherapeutischen/osteopathischen Behandlungen!

14.3.1 Schwellung nach akuter Trittverletzung in der unteren Extremität

Nach einer Trittverletzung mit einer ca. 5 cm großen Schürfwunde cranial auf dem Röhrbein war am Folgetag eine ungefähr handflächengroße kalte Schwellung auf dem Röhrbein rund um diese Verletzung erkennbar. Da keine Wärme und kein entzündlicher Prozess vorlagen, und es nur eine geringe Schwellung am unteren Röhrbein war, wurde ein »Gitterkorb« mit zwei Fächertapes geklebt. Ein Fächertape wurde medial und eines lateral angesetzt, so dass sich die Finger vorne auf dem Röhrbein überkreuzten. Die eigentliche Wundstelle wurde dabei ausgespart.

14.3.2 Chronische Schwellung nach Fesselringband-Operation

Nach erfolgreicher Operation des Fesselringbandes vor mehreren Jahren wird der Bereich um den Fesselkopf immer mal wieder dick. Im Anschluss an die Lymphdrainage wurde bei dem Pferd ein Lymphtape in der Form eines

Abb. 14.10: Lymphtape der unteren Extremität bei chronischer Schwellung des Fesselkopfes.

Es wurde eine »Lymphreihe« angelegt, beginnend am Hauptlymphknoten der Hinterhand. In Höhe des Kniegelenkspaltes wurden zwei Folgetapes überlappend mit dem ersten Tape appliziert. Eines davon verlief lateral, das andere zur medialen Seite des Sprunggelenkes. Die Fingerenden wurden unten mit einem Anker gesichert, auch der Übergang vom ersten Fächertape zu den beiden folgenden Fächertapes wurde mit einem Queranker gesichert.

»Gitterkorbes« im caudalen Bereich des Röhrbeins und des Fesselkopfes angelegt. Ein Fächertape wurde medial angesetzt und eines lateral, so dass sich die Fingerenden am Fesselkopf hinten überkreuzen. Zusätzlich wurde das Ganze mit Ankern gesichert, da das Pferd sich auch gerne in dem Bereich schubberte. Die Anlage wurde damit zudem gesichert.

14.3.3 Spat mit Schwellung rund um das Sprunggelenk

Das Pferd hat seit mehreren Jahren einen Spat-Befund im Sprunggelenk der rechten Hinterhand. Je nach Wetterlage und Belastung schwillt der Bereich rund um das Sprunggelenk und darüber an.

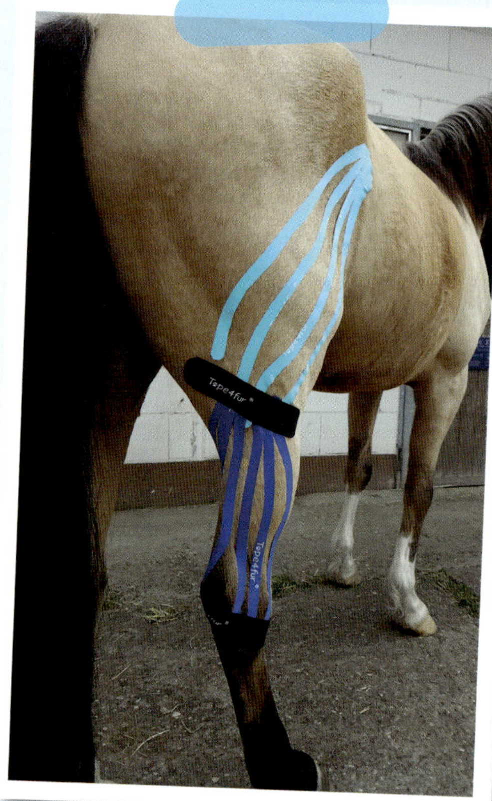

Abb. 14.11: Lymphtape der Hinterhand bei Schwellung rund um den Spat-Befund.

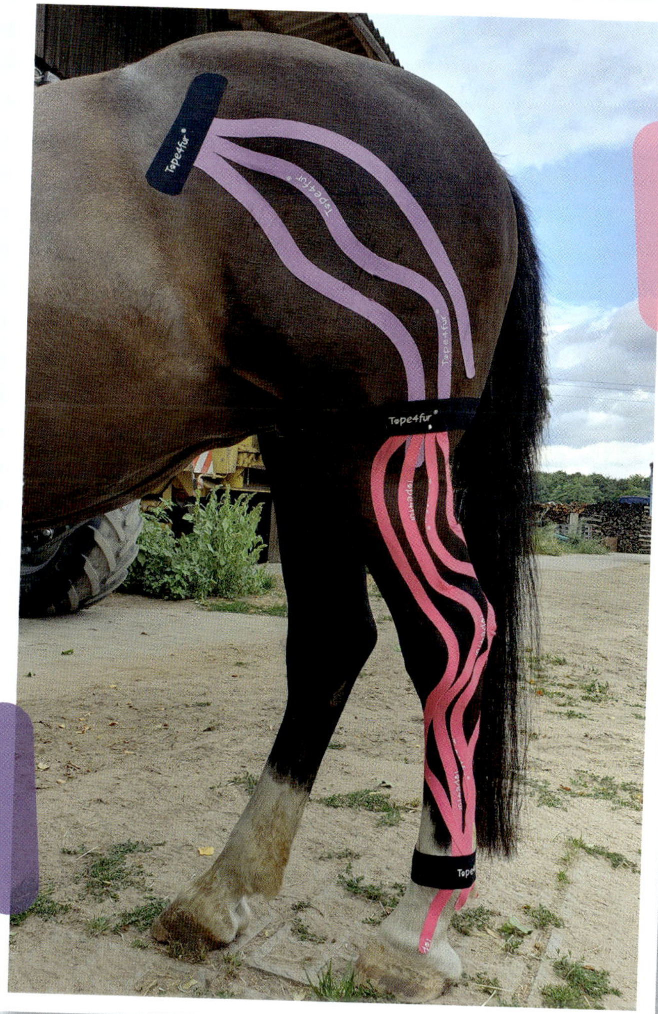

Abb. 14.12: Lymphtape der ganzen Hinterhand.

14.4.4 Chronische Schwellung nach entzündlichem Prozess im Sprunggelenk

Das Pferd hatte einen entzündlichen Prozess im Sprunggelenk, der vom Tierarzt versorgt wurde. Es verblieb eine Restschwellung, die sich vom Sprunggelenk nach unten bis zum Fesselkopf zog.

Es wurde eine »Lymphreihe« entlang der ganzen Gliedmaße appliziert, beginnend in Höhe des Leistenlymphknotens. Oberhalb des Sprunggelenkes nur lateral verlaufend. Ab dem Sprunggelenk wurden die Folgetapes medial und lateral bis zum Fesselgelenk getapt. Auch hier wurden mehrere spannungsfreie Queranker zum Schutz der Anlage geklebt.

Kapitel 15

Das Hämatomtaping

15.1 Das Hämatom

Ein Hämatom bzw. einen Bluterguss hatte wahrscheinlich jeder schon mal in seinem Leben. Irgendwo das Schienbein oder den Ellenbogen angehauen und ruckzuck ist da ein großer blauer Fleck. Auch unseren Pferden passiert das durch Tritte, Stürze oder Insektenbisse. Oft geht ein Hämatom unbemerkt vorbei, da man durch das Fell die blaue Verfärbung nicht sieht. Wenn die Schwellung nur sehr gering ist, spürt man sie auch nicht. Größere Schwellungen fallen dann schon eher auf.

Durch die lokale Einblutung ist der Druck in der Region erhöht, der Abfluss der Abbaustoffe wird gestört und das Ganze kann recht schmerzhaft sein. Ein Hämatomtape schafft da Abhilfe.

Hämatomtapes werden immer bei lokalen Schwellungen am Körper geklebt. Lymphtapes hingegen, die im vorherigen Kapitel erläutert wurden, beziehen sich immer auf Schwellungen in den Gliedmaßen.

Abb. 15.1: Fertige Anlage eines Hämatomtapes im Bereich der Schulter.

15.2 Wie wird das Hämatomtape geklebt?

Wie beim Lymphtape wird auch hier vorwiegend das Fächertape mit seiner geschlossenen Basis und seinen 3–5 Fingern verwendet. Je nach Größe des Hämatoms empfiehlt es sich, breiteres 7,5 cm-Tape zu verwenden, um eine größere Fläche abdecken zu können. Wie bereits beim Lymphtape (Kapitel 14) beschrieben, sollte man nach dem Zurechtschneiden des Fächers das Papier an den Übergängen zwischen Tape-Basis und Tapefinger einreißen und umknicken, damit man es bei der Applikation schneller und leichter zu fassen bekommt.

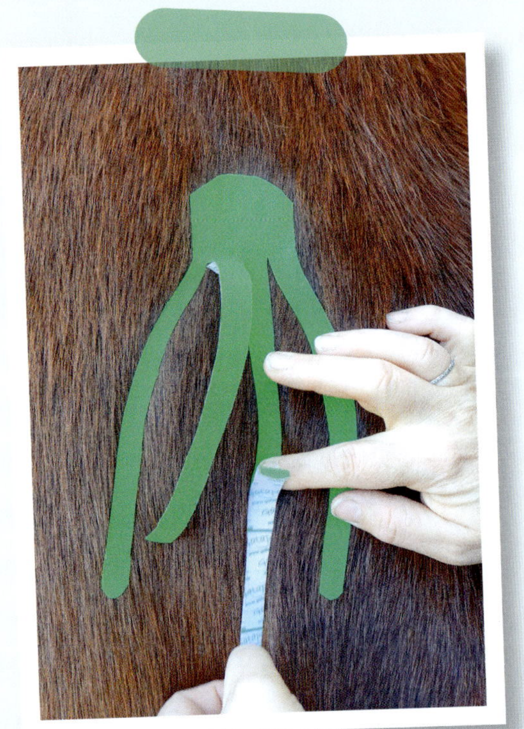

Abb. 15.2: Applikation des Tapefingers so gespannt, wie es von der Trägerfolie kommt.

Die Länge und die Anzahl der Tapes werden wie immer der Größe des Befundes/des Hämatoms entsprechend angepasst. Wobei man bei Hämatomtapes wirklich sagen kann: Viel hilft viel. Je mehr Fächer ich aufklebe, umso schneller kann ich den Abfluss der gestauten Flüssigkeiten unterstützen. Die Tape-Basis zeigt vom Zentrum der Schwellung weg. Die Tapefinger werden zur Schwellung hin appliziert und decken diese großflächig ab.

- Die Trägerfolie der Basis des ersten Fächers entfernen und ohne Zug außerhalb der Schwellung aufkleben.
- Einen der beiden äußeren Tapefinger nehmen und entlang der entsprechenden Außenkante der Schwellung mit leichtem Zug, so wie das Tape von der Folie kommt, applizieren.
- Den zweiten äußeren Tapefinger entlang der anderen Außenkante der Schwellung aufkleben. So ist das Hämatom seitlich eingerahmt.
- Die mittleren Tapefinger nun gleichmäßig flächig über der Schwellung aufbringen. Auch dabei wieder nur die Spannung nutzen, mit der das Tape von der Trägerfolie kommt.
- Darauf achten, dass die Fingerenden immer auslaufend, ohne Zug aufgeklebt werden.
- Beim Reiben zur Wärmeaktivierung des Klebers bitte nur von der Tape-Basis in Richung Tapefinger streichen, um die dünnen, schmalen Tapefinger nicht aus Versehen wieder vorzeitig abzulösen.

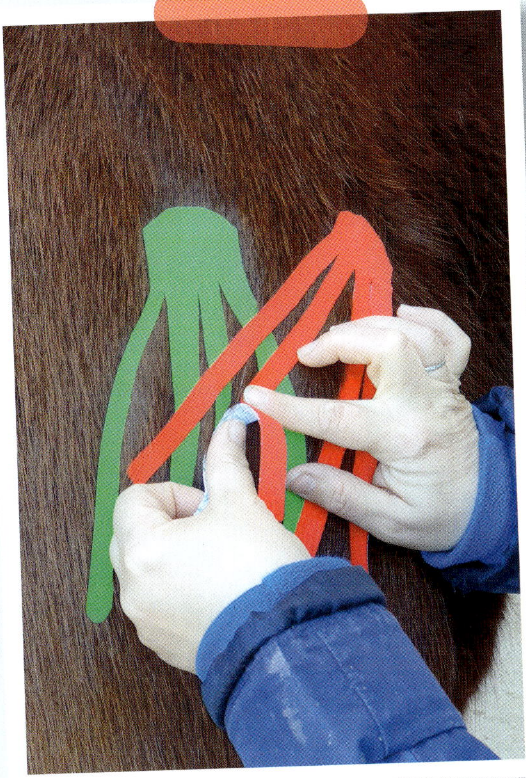

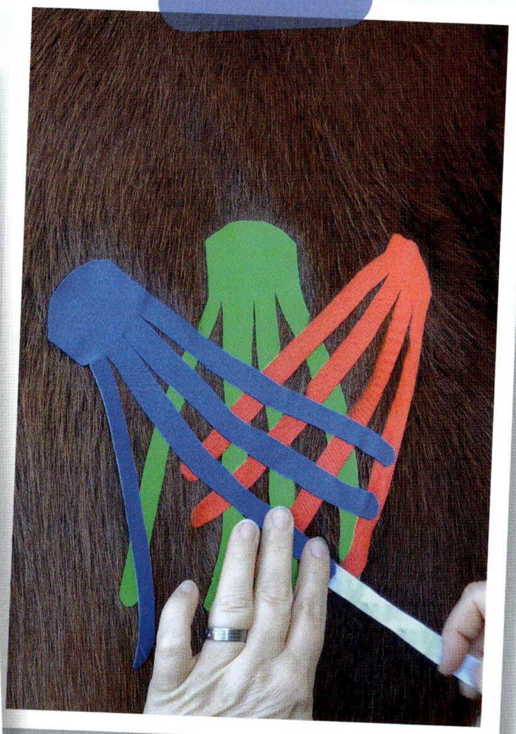

Abb. 15.3 und 15.4: Die verschiedenen Fächertapes werden in unterschiedliche Richtungen appliziert.

Alle weiteren Fächer werden genauso getapt, wobei deren Basen immer in eine andere Richtung zeigen sollten. Dadurch wird der Abfluss von Abbauprodukten in verschiedene Richtungen gefördert und beschleunigt. Je mehr Abflussrichtungen, umso besser.

ACHTUNG: Solange die Schwellung am Rumpf liegt, können die Fächertapes in alle Himmelsrichtungen zeigen, wie hier im Beispiel zu sehen. Liegt die Schwellung aber direkt oberhalb eines Beines oder sogar im oberen Beinabschnitt, dann KEIN Tape aufkleben, dessen Basis nach unten zum Bein auseinanderzeigt. Es ist nicht wünschenswert, wenn die abgeleitete Flüssigkeit im Bein versackt!

Hämatomtaping:
Taperichtung: Zur Schwellung hin
Recoil: Von der Schwellung weg
Wirkung: Unterstützung des Abflusses gestauter Flüssigkeit.

15.3 Weitere Beispiele für Hämatomtapes

15.3.1 Schwellung am Bauch nach Bissverletzung

Nach einer Bissverletzung entstand schräg neben der eigentlichen Bisswunde eine Handteller große Schwellung. Es wurden drei Fächertapes rund um die Schwellung getapt. Alle Tapebasen zeigten in eine andere Richtung und von der Schwellung weg, um großflächig Abfluss zu schaffen. In Richtung der eigentlichen Bisswunde wurde kein Tape aufgeklebt, da die Verletzung oberflächlich noch nicht vollständig abgeheilt und geschlossen war.

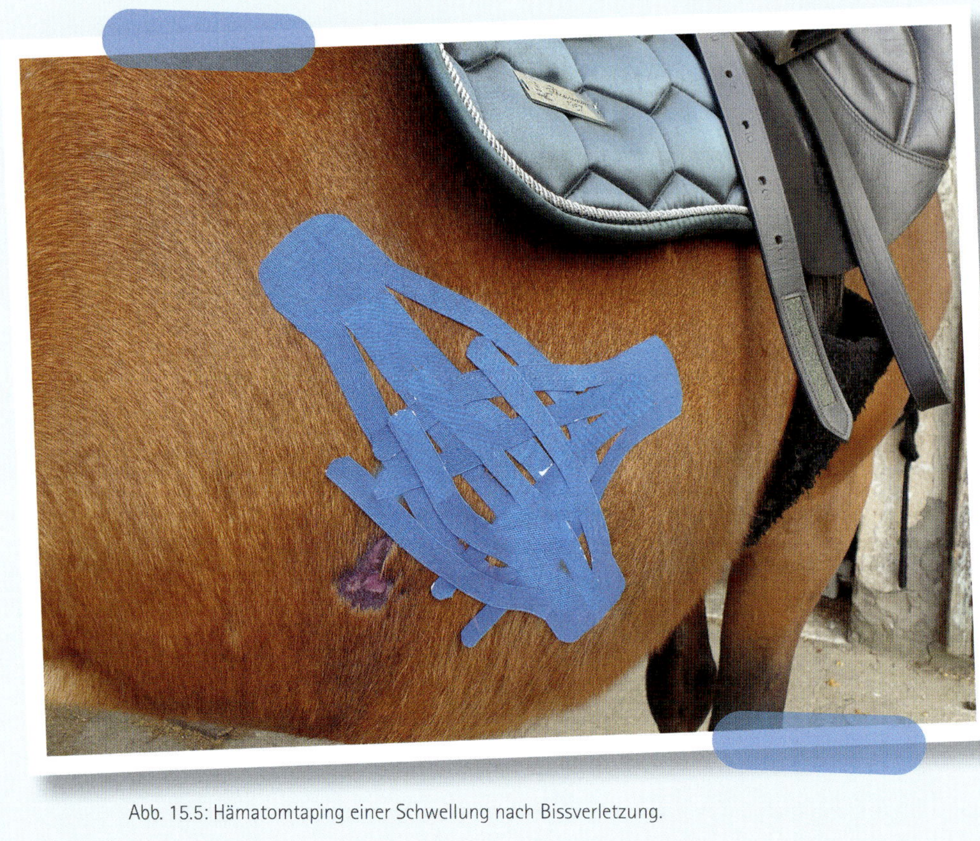

Abb. 15.5: Hämatomtaping einer Schwellung nach Bissverletzung.

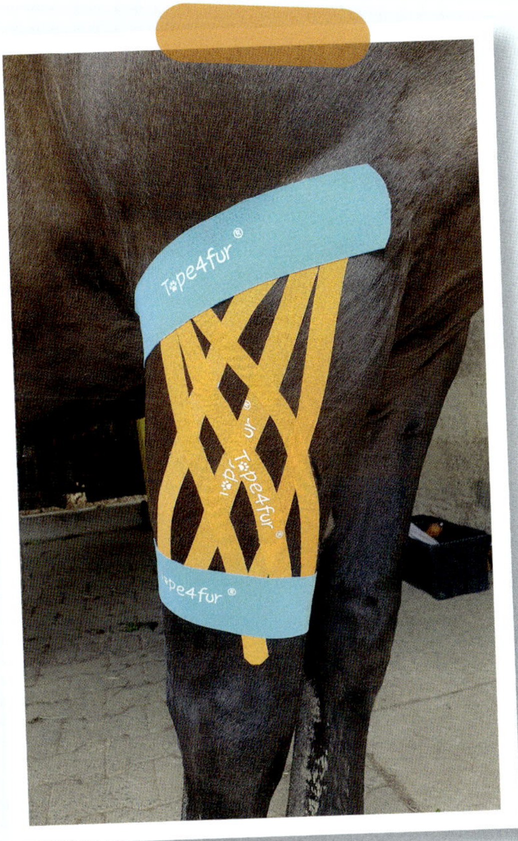

Abb. 15.6: Hämatomtape am Vorderbein nach Prellung.

15.3.2 Prellung am Vorderbein mit Schwellung nach Sturz

Das Pferd hat auf der Koppel rumgetobt, ist gestürzt und dabei mit dem oberen Bereich des Vorderbeines auf einen großen Stein gefallen. Die laterale Beinseite war punktuell geschwollen. Es wurden zwei Fächertapes appliziert mit Abflussrichtung zum Körper hin, um zu vermeiden, dass die gestaute Flüssigkeit nach unten abfloss und gegebenenfalls im Bein versackte. Das Ganze wurde oben und unten mit komplett spannungsfreien Querankern gesichert.

15.3.3 Schwellung nach Insektenstich

Ein Insektenstich hatte sich entzündet. Der Bereich um die Einstichstelle war stark geschwollen und dick. Nachdem der primäre entzündliche Prozess abgeklungen und der Wundbereich nicht mehr so »heiß« war, verblieb immer noch die Schwellung. Da der Insektenbiss noch offen war, musste drumherum getapt werden. Es wurden drei V-Tapes rund um die Einstichstelle appliziert. Die Basen zeigten von der Schwellung weg, um so die Abflussrichtungen vorzugeben.

Abb. 15.7: Hämatomtaping rund um einen Insektenstich.

Kapitel 16

Das Sehnentaping

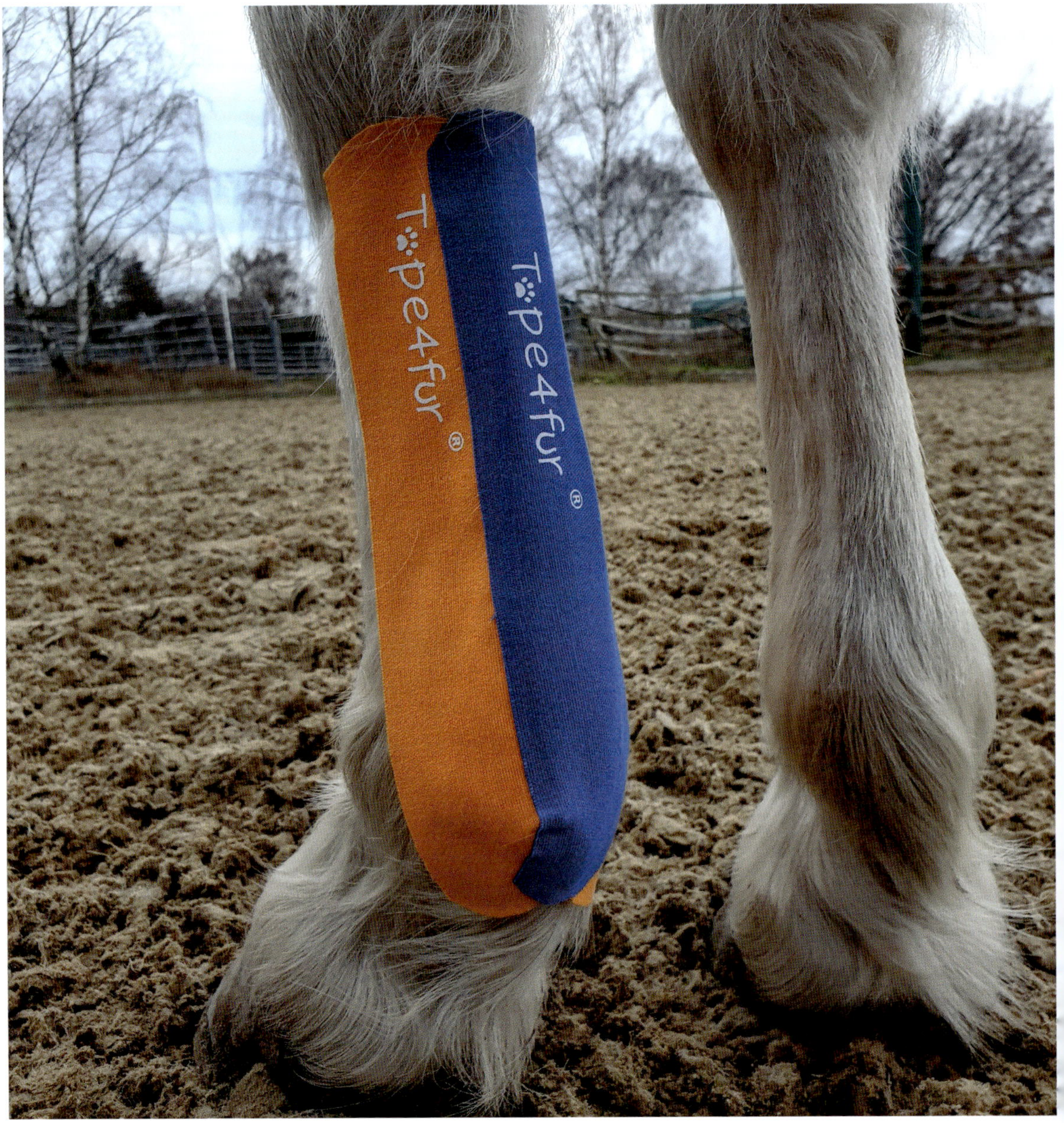

16.1 Die Sehne

Wie bereits in Kapitel 10.1 erläutert, sind Muskeln an ihrem Ursprung und Ansatz jeweils über Sehnen am Knochen befestigt. Im Kapitel 9.4 wurde erklärt, dass Muskeln und ihre Muskelfasern von Faszien umgeben sind. Aus diesen bindegewebigen Faszienhüllen werden die parallelfaserigen Sehnen abgeleitet, die wie weißliche Stränge aussehen. Sehnen enthalten nur wenig elastische Fasern, wodurch sie sehr zug- und reißfest sind. Lange Sehnen, wie zum Beispiel die oberflächliche oder tiefe Beugesehne, können eben aufgrund ihrer Länge eine gewisse Elastizität und Federkraft aufweisen. Dadurch kann zum Beispiel der Fesselträger, der das Fesselgelenk stützt, bei extremer Belastung den Boden berühren.
Bei schwacher Fesselung oder Verletzungen der Beugesehnen kommt das Sehnentape zum Einsatz. Auch bei Fehlstellungen und Sehnenverkürzungen kann es genutzt werden. Sehnentapes werden meist im Reha-Bereich angewendet, aber auch eine präventive Anlage im Training ist durchaus sinnvoll, um dem Gewebe mehr Stütze und Halt zu geben.

16.2 Wie wird das Sehnentape geklebt?

16.2.1 Das Fesselkopf-Stütztape

Der erste Schritt bei einem Sehnentape ist das Fesselkopf-Stütztape. Es wird immer getapt, bevor man das eigentliche Sehnentape appliziert, egal ob die tiefe oder die oberflächliche Beugesehne betroffen ist oder der Fesselträger.
Da der größte Teil der Sehnenschäden durch eine Überlastung und Überdehnung entsteht, ist es wichtig, den Fesselkopf zu stützen, um einer weiteren Überdehnung entgegenzuwirken. Daher kann man es auch hervorragend als vorbeugende Maßnahme im täglichen Training einsetzen.
Für das Fesselträger-Stütztape werden zwei gleich lange I-Tapes mit abgerundeten Enden benötigt. Diese werden rund um das Fesselgelenk gemessen, in der Winkelung, wie das Fesselgelenk gestellt ist. Es wird die **Inside-Out-Technik** angewendet mit gehaltener Spannung, wie beim Stabilisierungstape in Kapitel 13.

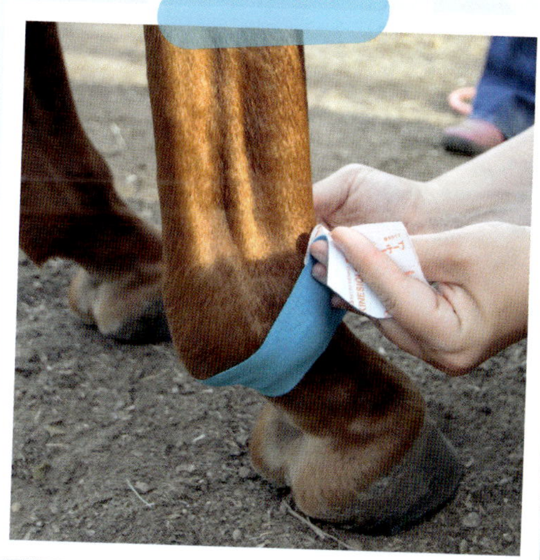

Abb. 16.1: Anlage des Fesselkopf-Stütztapes mit gehaltener Spannung unterhalb des Fesselgelenkes.

- Die Folie des ersten Tapestreifens wird mittig eingerissen und dann **nur maximal 10 cm Tape freigelegt**!
- Das Tape rechts und links um den Fesselkopf herumfassen und diese 10 cm mit mittlerem bis starkem Zug dehnen, unterhalb des Fesselkopfes aufkleben und dabei der Winkelung des Gelenkes nach schräg-aufwärts folgen.
- Wie beim Stabilisierungstape nun diesen bereits aufgeklebten Bereich mit einer freien Hand fixieren (oder von einem Helfer fixieren lassen), um den primären Recoil zu verhindern.
- Mit der anderen Hand von einem Ende des Tapes die Folie ganz entfernen und nach vorwärts-aufwärts um den Fesselkopf herum mit auslaufendem Zug aufkleben. Das letzte Ende komplett ohne Zug aufkleben.
- Mit dem zweiten Ende genauso verfahren. Die spannungsfreien Enden können überlappend getapt werden.
- Kräftig über den Tapestreifen reiben, um durch die Reibungswärme den Kleber zu aktivieren.
- Der zweite Tapestreifen wird genauso aufgeklebt: 10 cm frei legen und mit mittlerem Zug unterhalb des Fesselkopfes applizieren. Die Schenkel auslaufend kleben, die Enden ohne Zug.

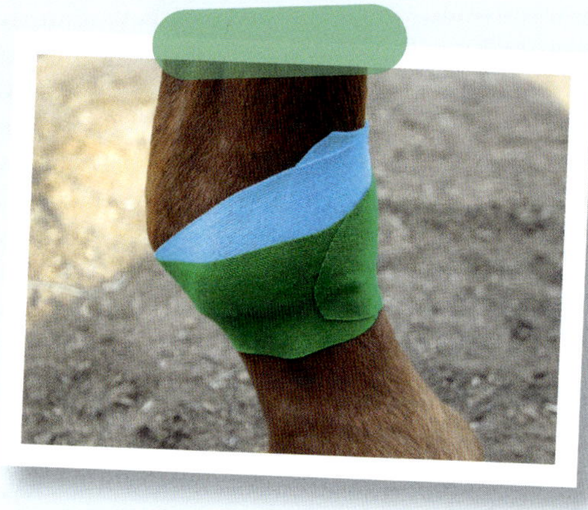

Abb. 16.2: Fertige Anlage eines Fesselkopf-Stütztapes mit zwei Tapestreifen in unterschiedlicher Winkelung.

- ABER: Der zweite Tapestreifen wird etwas tiefer angesetzt und etwas flacher zum Boden hin gewinkelt. Der Fesselkopf erfährt dadurch aus zwei Richtungen (Winkeln) eine Stütze.

Fesselkopf-Stütztape:
Taperichtung: Von innen nach außen, die Spannung wird gehalten!
Recoil: Durch die gehaltene Spannung ergibt sich kein Recoil
Wirkung: Durch die gehaltene Spannung des Tapes wird die Stabilität im Bereich des Fesselkopfes unterstützt.

16.2.2 Das Sehnentape

Am Beispiel der tiefen Beugesehne wird die eigentliche Anlage für die Sehne erklärt. Auch hier ist es wichtig, der Überdehnung einer verletzten Sehne entgegenzuwirken.

Für die tiefe Beugesehne werden zwei gleich lange I-Tapes benötigt, gemessen vom Bereich unterhalb des Vorderfußwurzelgelenkes bis unterhalb des Fesselgelenkes. Es kommt die **End-to-End-Technik** zum Einsatz.

- Das erste I-Tape wird lateral angesetzt.

- Circa 2–3 cm der Trägerfolie an einem Ende des Tapestreifens komplett entfernen.

- Diese primäre Basis direkt unterhalb des Vorderfußwurzelgelenkes an der Hinterkante des Röhrbeines spannungsfrei aufkleben.

- Restliche Folie bis auf die letzten 2–3 cm entfernen, mit flachen Fingern fassen und mit leichtem Zug nach distal, entlang der Hinterkante des Röhrbeins in Richtung des Fesselkopfes applizieren.

- Das Ende wieder komplett ohne Zug unterhalb des Fesselkopfes aufkleben.

- Kräftig über den Tapestreifen reiben, um durch die Reibungswärme den Kleber zu aktivieren.

- Der zweite Tapestreifen wird in identischer Ausrichtung medial am Bein aufgeklebt. Die beiden Tapestreifen können unterhalb des Fesselkopfes überlappen.

- Kräftig über den zweiten Tapestreifen reiben, um durch die Reibungswärme den Kleber zu aktivieren

Es empfiehlt sich, die Tapinganlage mit spannungsfreien Querankern oben und unten

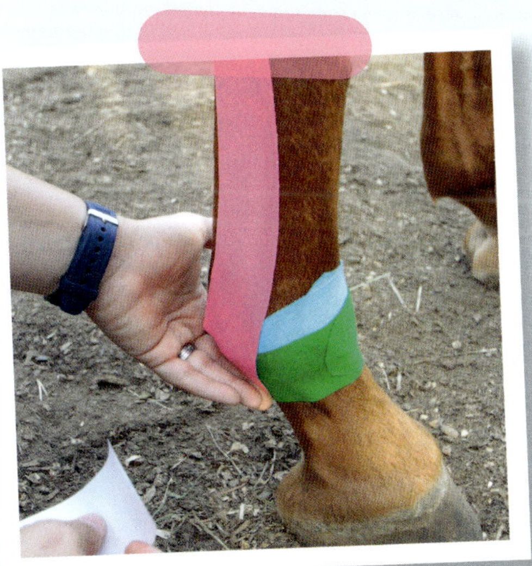

Abb. 16.3: Applikation des lateralen I-Tapes für die tiefe Beugesehne vom Vorderfußwurzel- zum Fesselgelenk.

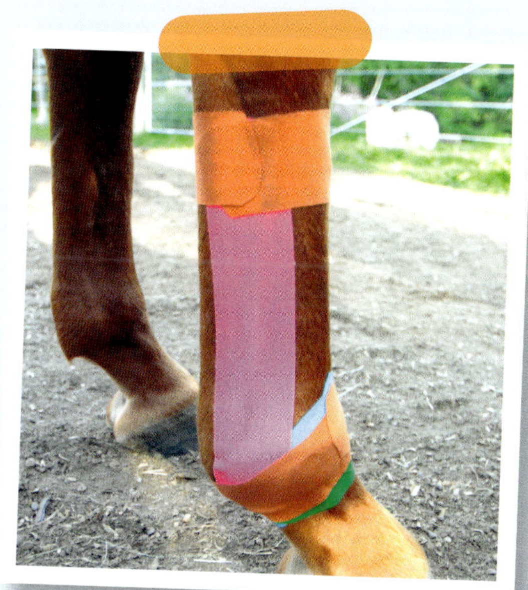

Abb. 16.4: Fertige Anlage eines Sehnentapes der tiefen Beugesehne mit spannungsfreien Querankern unterhalb des Vorderfußwurzel- und des Fesselgelenkes.

zu sichern, da sich die Pferde in dem Bereich gerne auch mal mit dem Kopf am Bein schubbern und dadurch eventuell die Anlage gefährden könnten.

Sehnentaping bei Verletzungen, Zerrungen und Überdehnung:
Taperichtung: Vom Vorderfußwurzelgelenk zum Fesselgelenk
Recoil: Vom Fesselgelenk zum Vorderfußwurzelgelenk
Wirkung: Unterstützung der Kontraktionsfähigkeit der Sehne und wirkt dadurch einer weiteren Überdehnung entgegen.

HINWEIS: Die oben beschriebene Anlagerichtung vom Vorderfußwurzelgelenk zum Fesselkopf bezieht sich auf Verletzungen und Überdehnungen der Sehne!
Sollte eine angeborene oder chronische Sehnenverkürzung bestehen, wie sie zum Beispiel mit einem Bockhuf einhergeht oder bei Fehlstellungen möglich ist, möchte man diese Verkürzung natürlich nicht weiter begünstigen. Im Gegenteil: hier ist eher eine Dehnung der verkürzten Sehne wünschenswert. In diesem Falle kehrt sich die Richtung der Anlage um und es wird vom Fesselkopf zum Vorderfußwurzelgelenk getapt, um mit dem Recoil entsprechend die Dehnung der Sehne zu begünstigen.

Sehnentaping bei Fehlstellung und damit verbundener Verkürzung der Sehne:
Taperichtung: Vom Fesselgelenk zum Vorderfußwurzelgelenk
Recoil: Vom Vorderfußwurzelgelenk zum Fesselkopf
Wirkung: Dehnung der verkürzten Sehne

16.3 Weitere Beispiele für Sehnentapes

16.3.1 Oberflächliche Beugesehne

Je nach Stärke des Beines und der Sehne empfiehlt sich hier ein breiteres Tape, damit die oberflächliche Beugesehne besser abgedeckt ist.
Für die oberflächliche Beugesehne fängt man genauso mit dem Fesselkopf-Stütztape an. Statt der beiden Tapestreifen medial und lateral entlang des Röhrbeins, wird nur ein I-Tape über die Beinrückseite im Verlauf der oberflächlichen Beugesehne von proximal nach distal getapt. Auch hier wieder von unterhalb des Vorderfußwurzelgelenkes bis unterhalb des Fesselkopfes. Dieses I-Tape mit sehr geringem Zug applizieren, damit es nicht zu einer Bogenbildung der oberflächlichen Beugesehne kommt. Auch hier sind spannungsfreie Queranker am oberen und unteren Ende des Sehnentapes ratsam. Dies gilt wie zuvor beschrieben für eine Sehnenüberdehnung, -zerrung oder -verletzung. Bei einer Sehnenverkürzung wird auch hier die

Tapestreifen wird dann dementsprechend unter dem Fesselkopf auf die laterale Seite geführt. Sie überkreuzen sich somit unterhalb des Fesselkopfes. Die jeweiligen Enden werden ohne Zug auf dem Huf aufgeklebt.
Diese Variante deckt nicht nur den Fesselträger besser ab, es gibt auch nochmal eine Unterstützung für den Fesselkopf durch die Überkreuzung.
Hier nutze ich meist nur einen spannungsfreien Queranker am proximalen Ende der Tapinganlage, unterhalb des Vorderfußwurzelgelenkes. Das Tape haftet auf dem Huf extrem gut, deshalb ist dort kein weiterer Anker nötig. Bitte beachten: Der Huf muss sauber und trocken sein.

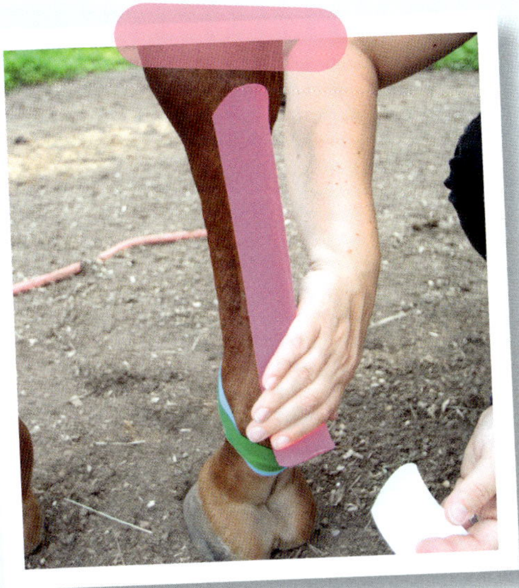

Abb. 16.5: Applikation des Sehnentapes für die oberflächliche Beugesehne.

Richtung umgekehrt und von distal nach proximal, vom Fesselkopf zum Vorderfußwurzelgelenk getapt.

16.3.2 Fesselträger

Wenn der Fesselträger betroffen ist, kommt auch als Grundlage das Fesselkopf-Stütztape zum Einsatz. Wie bei der tiefen Beugesehne wird dann je ein I-Tape medial und lateral getapt. Da sich der Fesselträger aber unterhalb des Fesselkopfes in zwei Äste aufspaltet, die dann rechts und links der Fesselbeuge nach vorwärts-abwärts auslaufen, sind die I-Tapes hier deutlich länger als bei der tiefen Beugesehne. Um eine Knickbildung im Tape in Höhe des Fesselkopfes zu vermeiden, führe ich den lateralen Tapestreifen unter der Fessel entlang auf die mediale Seite und dann, dem Fesselträger entsprechend folgend, nach vorwärts-abwärts bis zur Hufwand. Der mediale

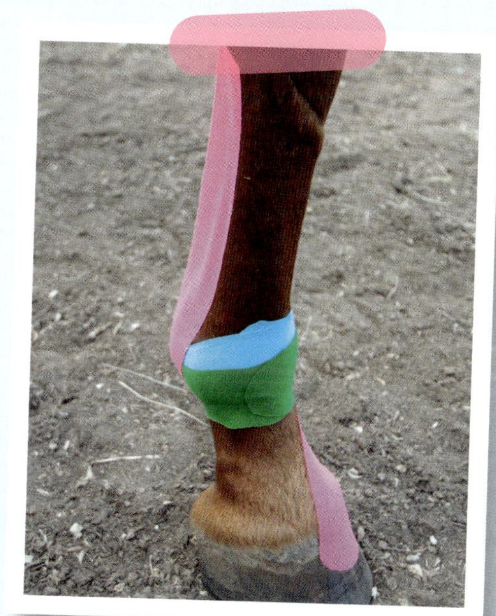

Abb. 16.6: Tapinganlage für den Fesselträger. Der erste I-Streifen führt medial entlang der Hinterkante des Röhrbeines, unter dem Fesselkopf entlang auf die gegenüberliegende Seite vorwärts-abwärts bis zum Huf. (Ein zweiter identischer Streifen wird noch auf die Gegenseite geklebt.)

Kapitel 17

Das Narbentaping

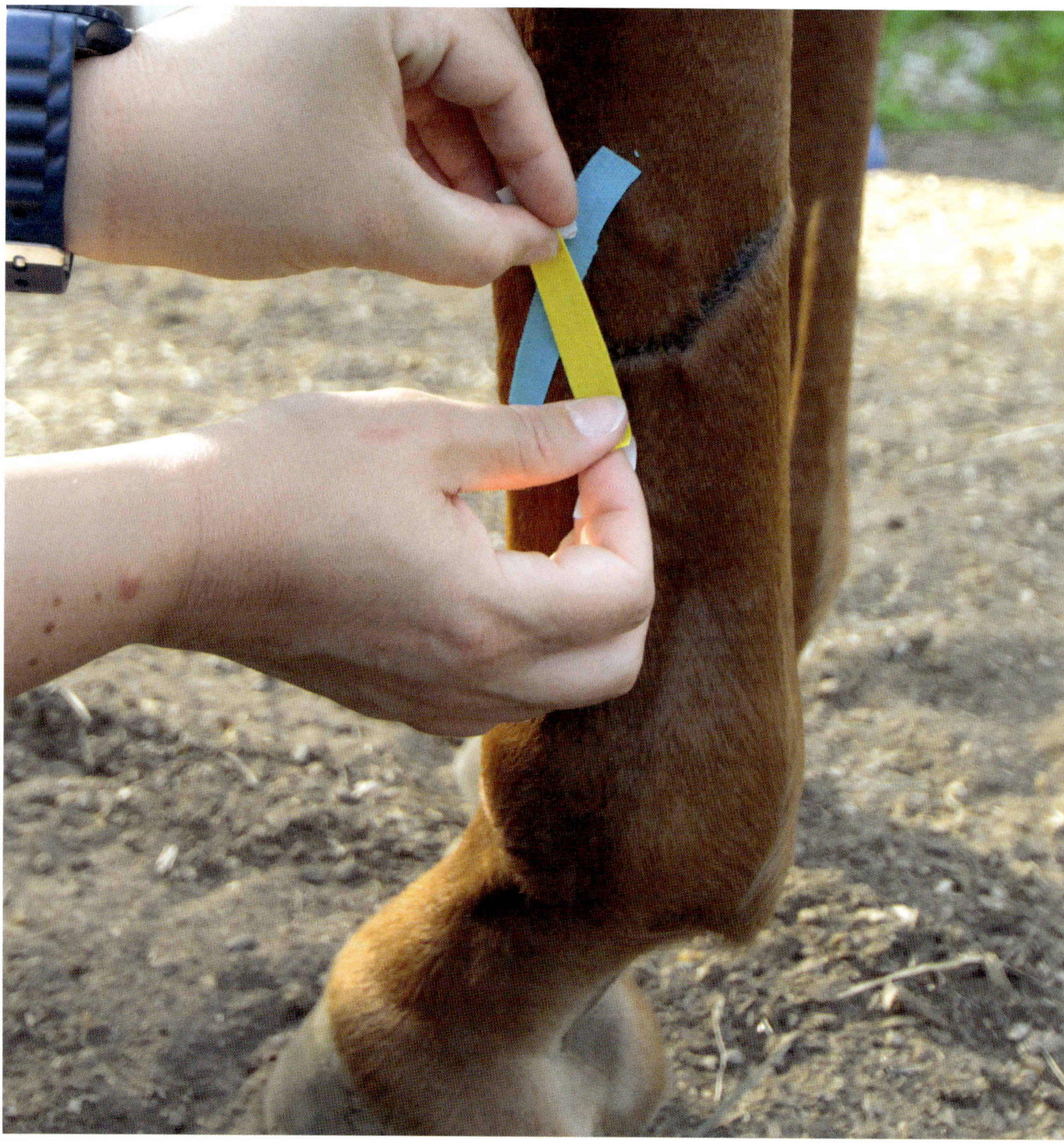

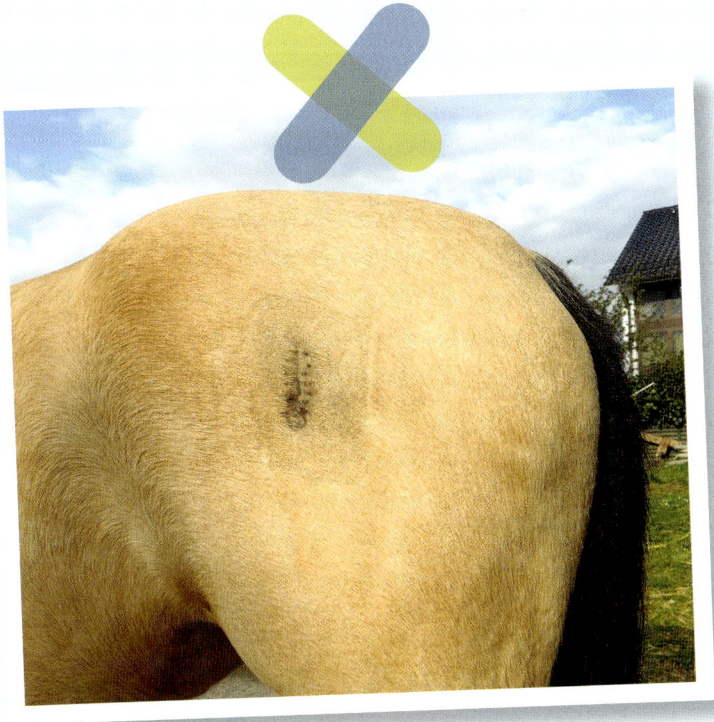

Abb. 17.1 Genähte Narbe an der Flanke nach »Hängenbleib-Trauma« am Koppelpfosten.

Narbengewebe entsteht bei Verletzungen der tieferen Hautschichten. Entweder durch unwillkürliche Verletzungen oder aber auch bei Operationen. Der Körper ist leider nicht in der Lage, die zerstörte Struktur genauso 100-prozentig identisch nachzubilden. Das Gewebe wird stattdessen mit faserhaltigem Bindegewebe ersetzt. Normalerweise sind diese Fasern im Bindegewebe parallel angeordnet, aber leider nicht im Narbengewebe. Dort liegen diese Fasern irregulär, kreuz und quer, vor und wachsen somit unkontrolliert und ungeordnet in das bestehende Gewebe ein. Das führt dazu, dass an diesen Stellen auch Haar-, Talg- und Schweißdrüsen zerstört werden bzw. nicht mehr so nachwachsen können, wie sie vorher waren. Somit ist die Hautfunktion in vielen Fällen geschädigt.

Bei übermäßiger Bildung des narbigen Bindegewebes kann es sogar zu Narbenwucherungen oder Narbenwülsten kommen. Bei zu wenig Bildung des Bindegewebes erscheint die Narbe eingesunken bzw. eingezogen. Entscheidend ist, dass das Bindegewebe aufgrund der Fasern viel unelastischer ist als die Haut, die es ersetzt. Sollte eine Narbe also auf einem stark beanspruchten Bereich liegen, wie beispielsweise über einem Gelenk, kann es dort zu Bewegungseinschränkungen kommen. Auch kann Narbengewebe den Energiefluss im Körper blockieren, sollte es den Verlauf eines oder mehrerer Meridiane stören.
Ziel der Narbenbehandlung/-massage ist es also, dieses Gewebe weicher und elastischer zu machen und den Energiefluss anzuregen. Unterstützend zu dieser Behandlung ist ein Narbentaping sehr hilfreich.

17.2 Wie wird ein Narbentaping geklebt?

Es werden entsprechend der Größe und Länge der Narbe viele kleine Tapestreifen geschnitten. Ausnahmsweise ist es diesmal nicht nötig, die Ecken rund zu schneiden. Aber es ist unbedingt darauf zu achten, dass die Streifen in Längsrichtung des Tapes geschnitten werden und nicht in Querrichtung, da sie ja in der Querrichtung nicht dehnbar sind!

Es wird die **Inside-Out-Technik** verwendet. Die Trägerfolie der Streifen wird mittig eingerissen und das Tape von innen nach außen gedehnt. Somit entsteht ein Recoil zum Zentrum des Tapestreifens bzw. zur Narbe hin.

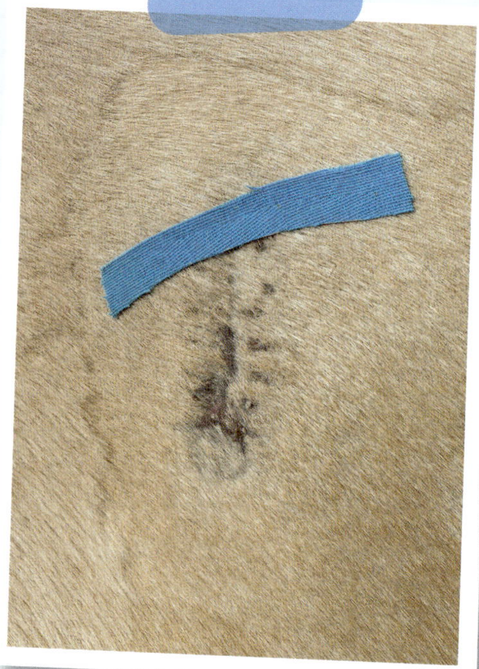

Abb. 17.3: Das erste I-Tape wird mit der Inside-Out-Technik im 30- bis 45-Grad-Winkel zur Narbe aufgeklebt.

Abb. 17.2: Es werden viele kleine I-Tapes für ein Narbentape benötigt.

- Beim ersten kleinen Tapestreifen mittig die Trägerfolie einreißen und diese beidseits bis kurz vor den Enden entfernen.
- Tape mit mittlerem Zug (von innen nach außen) im 30- bis 45-Grad-Winkel zur Narbe aufkleben. Beide Enden wie üblich ohne Zug tapen.
- Der zweite kleine Tapestreifen wird genauso appliziert. Mittig einreißen, Folie bis kurz vor die Enden entfernen, mittlerer Bereich mit Zug und Enden ohne Zug. **Aber** mit 45-Grad-Neigung zur Narbe in die **andere** Richtung. So ergibt sich ein kleines Kreuz.

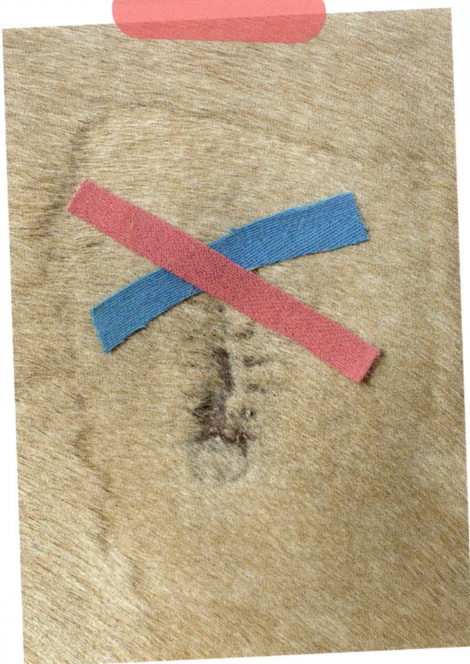

Abb. 17.4: Der zweite Tapestreifen in entgegengesetzter Richtung zum ersten aufbringen, auch im 30- bis 45-Grad-Winkel zur Narbe.

Abb. 17.5: Die fertige Anlage eines Narbentapes sieht aus wie ein »Gitterzaun«.

- Unter Beibehaltung der Inside-Out-Technik klebt man den dritten kleinen Streifen parallel zum ersten, den vierten Streifen dann parallel zum zweiten.

- So geht es dann weiter: der fünfte Streifen wieder parallel zum ersten und dritten Streifen aufbringen. Der sechste Streifen parallel zum zweiten und vierten usw.

- Man reiht somit Kreuz an Kreuz entlang der Narbe aneinander, so dass die Anlage am Ende wie eine Art »Gitterzaun« aussieht und die Narbe von einem zum anderen Ende damit abgedeckt ist.

- Nun benötigt man noch zwei normale I-Tapes mit abgerundeten Ecken, je nachdem, wie groß das Gitter geworden ist. Ich nenne diese großen I-Tapes beim Narbentaping immer »Pseudo-Anker«.

- Auch bei diesen I-Tapes wird das Papier wieder mittig eingerissen und bis kurz vor den Enden entfernt sowie von innen nach außen mit flachen Fingern gedehnt.

- Es wird dann aber nur mit minimalem Zug parallel und im rechten Winkel zur Narbe über die eine Seite der Enden des Gitterzaunes geklebt und diese damit abgedeckt.

- Die Enden des großen I-Tapes werden wie immer ohne Zug appliziert.
- Das zweite große I-Tape wird genauso auf der anderen Seite der Narbe über den Enden aufgebracht.
- Anschließend vorsichtig über die fertige Tapinganlage reiben, um den Kleber zu aktivieren. Da dazwischen die vielen kleinen Tapestreifen sind, bitte wirklich vorsichtig reiben, damit man diese nicht aus Versehen abrubbelt.

Abb. 17.6: Das Narbentape wird mit »Pseudo-Queranker« abgedeckt. Die Enden des »Gitterzaunes« müssen auf jeden Fall bedeckt sein.

Diese großen, parallel zur Narbe applizierten I-Tapes dienen nicht nur als Anker und Schutz des darunter liegenden Gitterzaunes. Durch die überlappenden kleinen Streifen des Gitterzaunes, die mit Zug aufgeklebt sind, und die großen I-Tapes, die mit minimalem Zug appliziert sind, entsteht eine Interaktion zwischen den Schichten des Kinesiologischen Tapes. Somit wird das Narbengewebe doppelt angeregt. Zum einen durch das direkt aufgeklebte Gitter und zum anderen durch die Interaktion der beiden Tapeschichten. Deshalb auch hier die Bezeichnung »Pseudo-Anker«. Er schützt nicht nur, sondern durch seine parallele Ausrichtung und den minimalen Zug entsteht ein zusätzlicher kleiner Impuls entlang der Narbe.

Narbentaping mit Inside-Out-Technik:
Taperichtung: Von innen nach außen, vom Zentrum der Narbe nach außen
Recoil: Zum Zentrum des Tapestreifens/der Narbe
Wirkung: Spannungsreduktion des Narbengewebes und Unterstützung der Regeneration des unelastischen bzw. starren narbigen Bindegewebes

17.3 Wichtige Hinweise zum Narbentape!

Die Durchführung einer Narbenbehandlung und die Applikation eines Narbentapes finden immer erst **nach einer vollständigen Wundheilung** statt!

Das heißt:

- wenn die Wunde vollständig geschlossen ist!
- wenn der Wundschorf komplett und von alleine abgefallen ist!
- wenn eventuell vorhandene Fäden gezogen worden sind!

Je jünger eine Narbe ist, desto besser sind die Erfolgsaussichten bei der Behandlung. Aber auch eine Narbe, die schon einige Jahre alt ist, kann man noch gut behandeln. Es dauert nur wesentlich länger, da das Ersatzbindegewebe über die Zeit immer unelastischer wird.

Generell gilt: Eine Narbenbehandlung und ein Narbentape sind keine einmalige Sache. Nervengewebe ist sehr »zäh und stur«, daher bedarf es einer wiederholten Behandlung. Mitunter kann sich das bei älteren Narben über Monate hinziehen, in denen die Narbe wöchentlich getapt und massiert werden muss.

17.4 Beispiel für ein Narbentaping

Alle nachfolgenden Tapinganlagen sind unterstützende Maßnahmen zu veterinärmedizinischen und/oder physiotherapeutischen/osteopathischen Behandlungen!

17.4.1 Narbentape nach Chip-Operation

Nach erfolgreicher Chip-Operation am Sprunggelenk wurde ein Narbentape im Verlauf der Narbe angelegt. Die Fäden des kleinen Einschnittes waren am Vortag vom Tierarzt entfernt worden. Das Narbentape wurde oben und unten mit je einem »Pseudo-Anker« gesichert. Die Anlage blieb drei Tage am Pferd und wurde dann vom Besitzer entfernt. Das Narbentape wurde noch sechs Mal im Wochenrhythmus wiederholt.

17.4.2 Narbentape nach älterer Koppelverletzung

Ältere Verletzung im Bereich der Schulter nach »Koppelverletzung« vor ca. 2 Jahren. Das Pferd wurde getreten und hatte eine oberflächliche Hautverletzung, die von alleine verheilt ist. Das Narbengewebe war allerdings extrem fest, was das Vorführen der Gliedmaße beeinträchtigte.

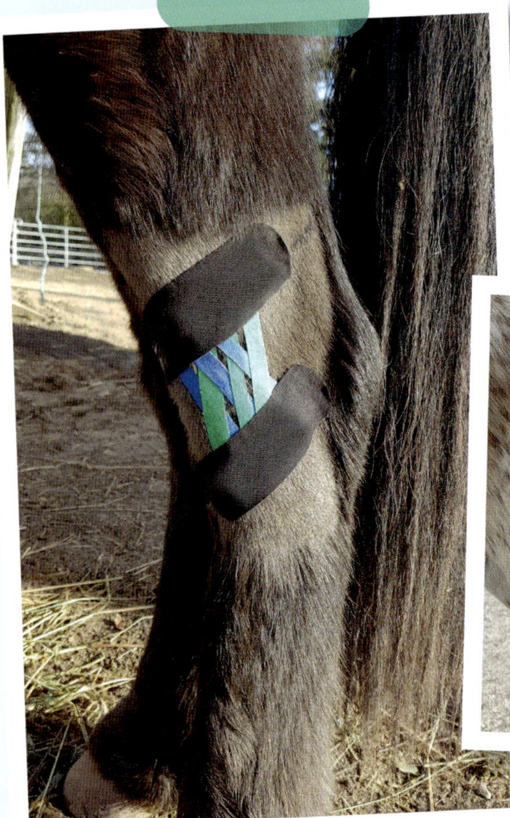

Abb. 17.7: Narbentaping nach Chip-OP im Sprunggelenk.

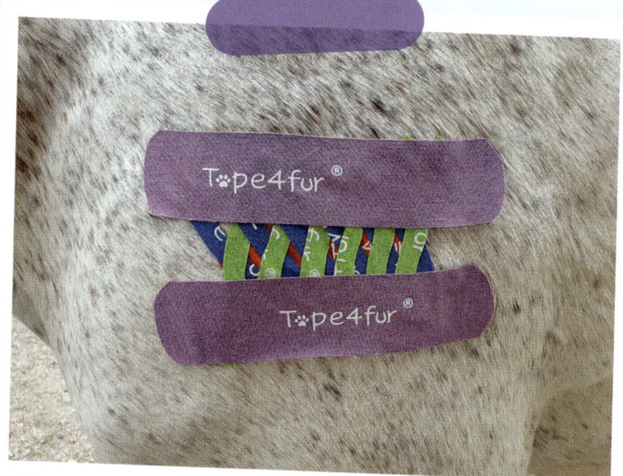

Abb. 17.8: Narbentaping nach Koppelverletzung in Höhe des Schulterblattes.

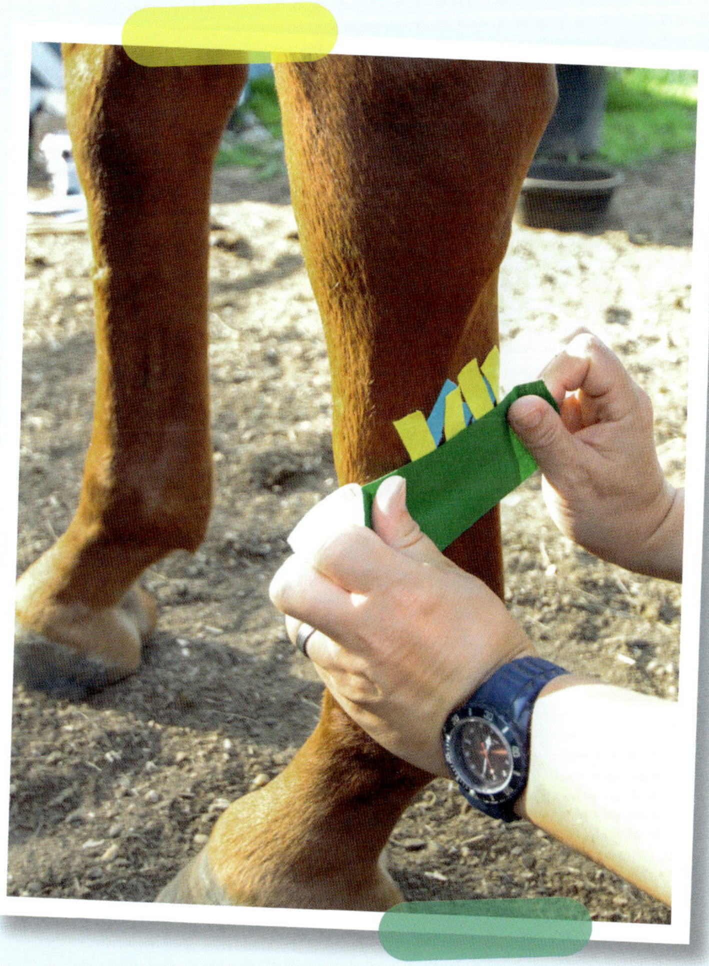

Abb. 17.9: Narbentaping nach Schnittverletzung am lateralen Vorderbein.

Narbentaping im Verlauf der Narbe mit »Pseudo-Ankern« oben und unten. Die Anlagetechnik wurde der Besitzerin gezeigt und sie wiederholte sie eigenständig im 14-Tage-Rhythmus über 6 Monate. Das Ganze wurde mit regelmäßiger Narbenbehandlung und -massage kombiniert.

17.4.3 Narbentape nach Hängenbleiben im Koppelzaun

Frische Verletzung im Bereich des lateralen Vorderbeines. Oberflächliche Risswunde durch Hängenbleib-Trauma am Koppelzaun. Die Wunde wurde nicht genäht und heilte von alleine zu. Das Narbengewebe war sehr fest und unelastisch, auch die Faszien an dem betroffenen Bein waren verklebt. Nach Lösen der Faszien und Narbenmassage wurde ein Gitterzaun im Narbenverlauf mit Pseudo-Querankern geklebt. Die Tapinganlage wurde über 2 Monate alle 14 Tage wiederholt, wobei das Tape meistens 4–5 Tage am Bein verblieb.

Kapitel 18

Das Huftaping

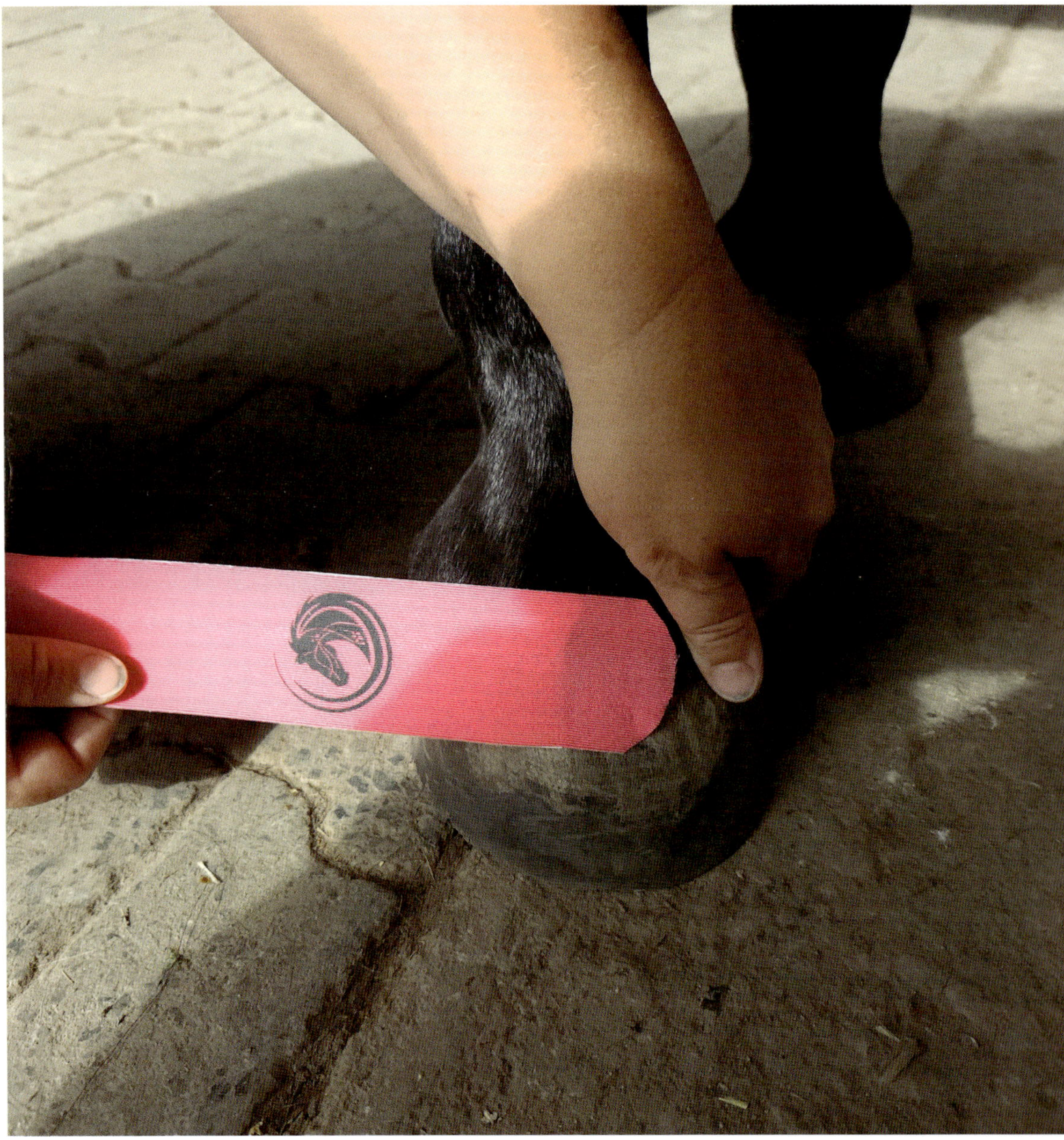

18.1 Wann empfiehlt sich ein Huftaping?

Es gibt verschiedene Gründe für ein Huftaping. Allen voran sind Fälle von schlechter Huf- bzw. Hornqualität. Da die Hornzellen im Kronrand gebildet werden, kann man mit Hilfe des Tapes und der damit verbundenen Steigerung der Durchblutung, das Zellwachstum positiv beeinflussen.
Im Bereich des Kronrandes befinden sich aber auch die Ting-Punkte (Endpunkte) mehrerer Meridiane. Mit Hilfe dieser Tapinganlage werden auch diese Punkte angesprochen und man kann somit helfen, den Energiefluss in diesen Meridianen anzuregen.
Des Weiteren liegen im Areal des Kronrands auch viele Sinneszellen für die Körperwahrnehmung (Propriozeption). Man kann diese Anlage auch nutzen, um die Körperwahrnehmung hier anzuregen. So zum Beispiel bei ungleicher oder Fehlbelastung der Hufe sowie bei Pferden, die immer mit der Zehe schlurfen (sofern keine Blockaden vorliegen!).

18.2 Wie wird ein Huftaping geklebt?

Man benötigt ein I-Tape, das einmal rund um den Kronrand gemessen wird. Es kommt die **End-to-End-Technik** zum Einsatz.

- Bei sehr flach gewinkelten Hufen ist es hilfreich, wenn man den Huf von einem Helfer hochhalten lässt, wie zum Hufeauskratzen. Bei Hufen, die nicht so flach gewinkelt sind, kann man die Anlage ganz normal im Stand tapen. Das Pferd sollte dabei auf festem Untergrund stehen und nicht im Sand, Streu oder Stroh.

- Der Huf und der Kronsaum müssen sauber und trocken sein!

- Ca. 2–3 cm von der Trägerfolie an einem Ende des Tapestreifens entfernen und diese primäre Basis ohne Zug vorne in Höhe des Kronsaumes, parallel zu diesem, aufkleben. Ungefähr zwei Drittel des Tapes sollten oberhalb des Kronrandes auf dem Fell haften und ein Drittel auf der Hufwand.

- Während man die Folie abzieht (10 % Vorspannung), den Tapestreifen entlang des Kronsaumes einmal rund um den Huf aufkleben, so dass kontinuierlich zwei Drittel auf dem Fell aufgebracht werden und ein Drittel auf dem Huf.

- Die letzten 2–3 cm des Tapestreifens werden als sekundäre Basis wieder spannungsfrei getapt. Die Enden können dabei 2–3 cm überlappen.

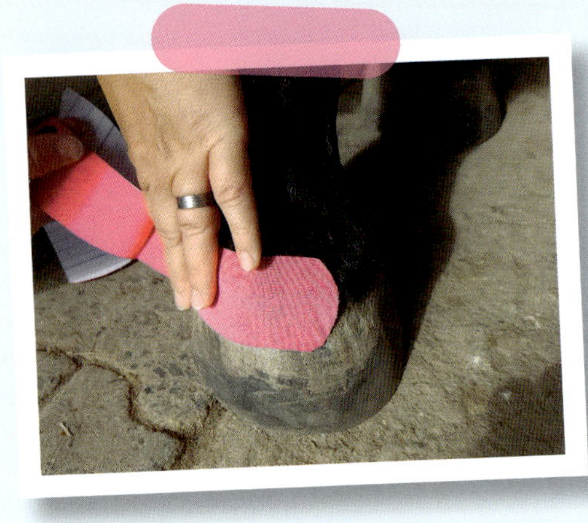

Abb. 18.1: Applikation der primären Basis eines Huftapings.

Abb. 18.2: Das Huftaping wird kontinuierlich entlang des Kronrandes aufgeklebt.

Abb. 18.3: Vollständige Anlage eines Huftapings.

- Kräftig über den Tapestreifen reiben, um durch die Reibungswärme den Kleber zu aktivieren.

TIPP: Alles was am Huf klebt, hält besonders gut!

Es ist am einfachsten, immer vorne auf der Beinvorderseite mit dem umlaufenden Huftape zu beginnen, da man dort die breiteste und am besten zugänglichste Auflagefläche hat. Möchte man aber das Hornzellwachstum stimulieren, ist dies ein langwieriger Prozess. Die Anlage muss immer wieder wiederholt werden, bis das Horn einmal komplett runtergewachsen ist. In diesem Fall sollte man den Punkt der primären Basis auch mal verschieben und mal lateral und mal medial ansetzen. Ansonsten würde die primäre spannungsfreie Basis immer an derselben Stelle liegen. Dort findet ja kein Recoil statt und somit auch nicht so viel Stimulation des Gewebes. Damit der Huf aber rundherum stimuliert wird, ist es ratsam, die primäre Basis immer mal wieder woanders ansetzen zu lassen.

Huftape:
Taperichtung: Den Kronrand umlaufend
Recoil: Den Kronrand umlaufend
Wirkung: Unterstützt die Hornzellenbildung, den Energiefluss der Meridiane und die Körperwahrnehmung.

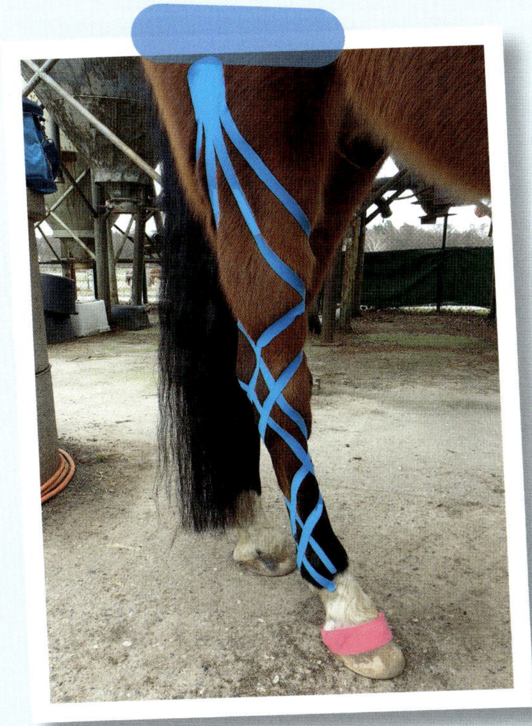

Abb. 18.4: Huftaping kombiniert mit einem Propriozeptionstape.

18.3 Weitere Beispiele für das Huftaping

Alle nachfolgenden Tapinganlagen sind unterstützende Maßnahmen zu veterinärmedizinischen und/oder physiotherapeutischen/osteopathischen Behandlungen!

18.3.1 Huftape in Kombination mit einem Propriozeptionstape

Das Huftaping regt unter anderem die Körperwahrnehmung an und kann daher sehr gut mit einem Propriozeptionstape der Gliedmaße kombiniert werden, wenn diese von einer Fehlbelastung und/oder eingeschränkter Körperwahrnehmung betroffen ist. Das Propriozeptionstape wird noch ausführlich in Kapitel 20 beschrieben.

Abb. 18.5: Partielles Huftape.

18.3.2 Partielles Huftape zur Stimulierung bestimmter Ting-Punkte

Möchte man nur bestimmte Endpunkte der Meridiane (Ting-Punkte) stimulieren, kann man das Huftape auch nur partiell in diesem Bereich anlegen. Hier zum Beispiel zur Stimulierung der lateralen Ting-Punkte der Hinterhand.

Kapitel 19

Das Knieschlingentaping

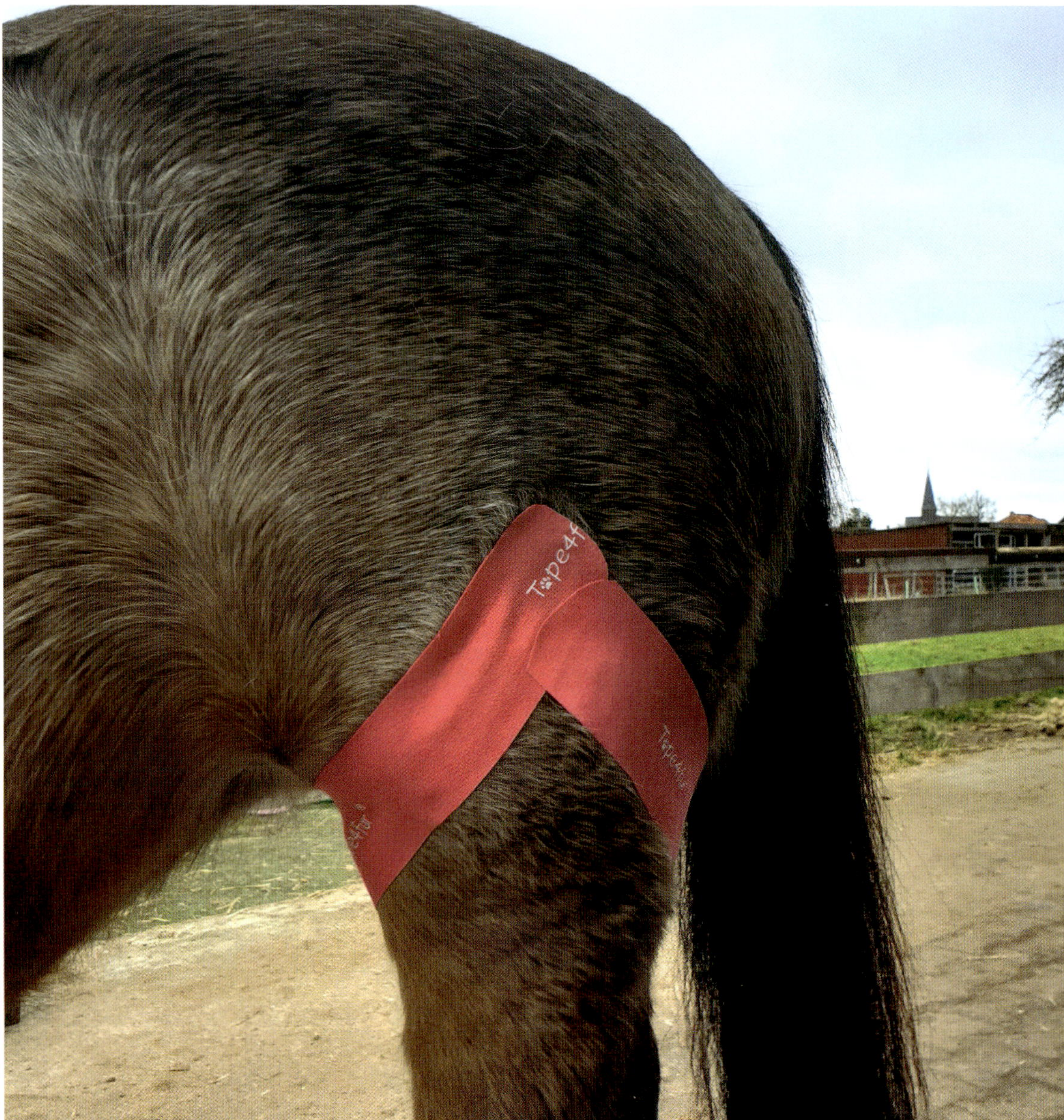

19.1 Wann empfiehlt sich ein Knieschlingentape?

Pferde leiden immer öfter auch unter Problemen mit den Knien und der Patella. Ältere Pferde haben zum Beispiel häufig Arthrose im Knie. Bei jüngeren Pferden gibt es z.B. Probleme mit einer Patellafixation oder auch mit zu lockeren Kniebändern.
Leider lassen sich Knie und Kniescheibe beim Pferd aufgrund der anatomischen Lage nur sehr schwer tapen. Eine Möglichkeit ist das Stabilisierungstape, wie in Kapitel 13.3.4 beschrieben, bei Instabilitäten des Gelenkes. Aber gerade Anlagen für die Patella selber sind beim Pferd recht schwierig zu tapen, da diese deutlich in der Flanke eingebettet ist und nicht so gut zugänglich ist wie beim Menschen, wo sie oben auf dem Knie aufliegt und gut tastbar ist. Selbst bei Hunden ist die Kniescheibe deutlich besser zu tasten und zu tapen, da sie bei vielen Rassen anatomisch deutlich »freier« ist als beim Pferd.
Aber auch bei einer allgemeinen Muskelatrophie der Hinterhand empfiehlt sich das Knieschlingentape, um der Extremität mehr Halt zu geben. Am besten kombiniert man diese dann mit entsprechenden Muskeltapes. Des Weiteren empfiehlt sich diese Anlage bei Ataxien und allgemeiner Instabilität der Hinterhand.

HINWEIS: An der Oberschenkel-Innenseite ist die Fellstruktur anders und der Hautfettanteil stark erhöht. Dies kann die Klebekraft deutlich beeinträchtigen. Deshalb sollte man diesen Bereich immer vorher mit Babypuder abreiben und mit einem Mikrofasertuch abwischen!

Abb. 19.1: Abmessen der benötigten Tapelänge für ein Knieschlingentape.

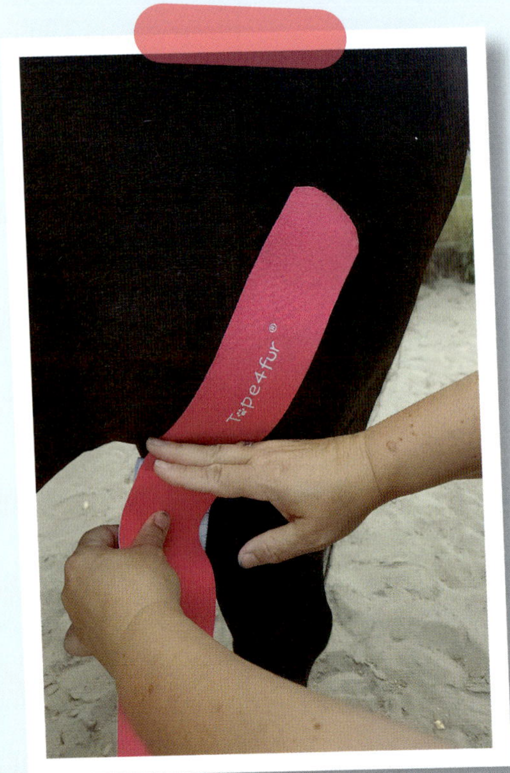

Abb. 19.2: Bis zum lateralen Kniegelenkspalt mit der 10 %-Vorspannung des Tapes arbeiten.

19.2 Wie wird ein Knieschlingentaping geklebt?

Man benötigt ein langes I-Tape mit abgerundeten Ecken, welches einmal um den Oberschenkel gemessen wird (siehe Abb. 19.1). Es wird die **End-to-End-Technik** genutzt.

- Man setzt die Taperolle lateral mittig auf dem Oberschenkel an und misst einmal um den Kniegelenkspalt herum, horizontal entlang der Oberschenkelinnenseite, um die Kniekehle und wieder zum Ausgangspunkt zurück.
- Ungefähr 5 cm der Trägerfolie an einem Ende des Tapestreifens entfernen und diese primäre Basis spannungsfrei am zuvor festgelegten Ausgangspunkt aufkleben. Dabei wird bereits diese Basis Richtung Kniegelenkspalt schräg-abwärts ausgerichtet.
- Mit flachen Fingern und der Spannung wie das Tape von der Folie kommt (10 %-Vorspannung) bis lateral des Kniegelenkspaltes den ersten Abschnitt des I-Tapes aufkleben.
- Im Bereich des Kniegelenkspaltes das Tape mit mittelgradiger Spannung aufkleben, bis man die mediale Seite des Kniegelenkspaltes erreicht hat. Dabei immer auf flache Finger achten.

Abb. 19.3: Mittelgradige Spannung im Bereich von Kniegelenkspalt und Kniekehle.

- An der Beininnenseite wieder mit der 10 %-Vorspannung des Tapes arbeiten und so wie es von der Folie kommt, horizontal entlang der Beininnenseite bis zur Innenseite der Kniekehle applizieren.
- Im Bereich der Kniekehle, wie bereits zuvor im Bereich des Kniegelenkspaltes, das Tape mit mittelgradiger Spannung aufkleben, bis zur Außenseite der Kniekehle.
- Der Rest des I-Tapes wieder mit der 10 %-Vorspannung wie es von der Folie kommt aufkleben, vorwärts-aufwärts in Richtung des Ausgangspunktes.
- Die sekundäre Basis wird komplett spannungsfrei und mit Back-up getapt.
- Die Endbasis sollte mit der Anfangsbasis überlappen, um somit ein geschlossenes System zu bilden und die optimale Stabilisierung für die Gliedmaße zu gewährleisten.
- Rundherum kräftig über das Tape streichen, um durch die Reibungswärme den Kleber zu aktivieren.

Knieschlingentape:
Taperichtung: Die Gliedmaße umlaufend, mit mittlerer Spannung im Bereich des Kniegelenkspaltes und der Kniekehle
Recoil: Multidirektional
Wirkung: Unterstützung der Stabilität der Gliedmaße, da es durch die umlaufende Anlage eine Art »Aufhängung« erfährt.

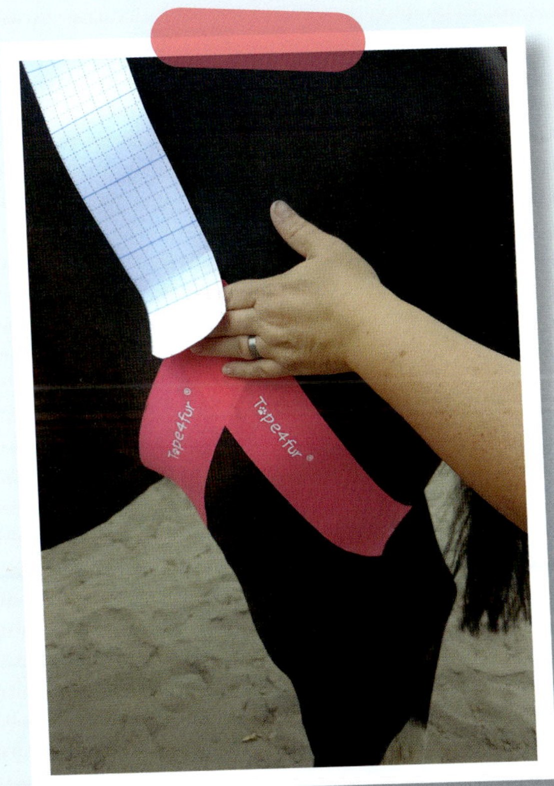

Abb. 19.4: Den I-Streifen mit der 10 %-Vorspannung des Tapes wieder zum Ausgangspunkt zurück applizieren.

19.3 Weitere Beispiele für Knieschlingentapes

Alle nachfolgenden Beispiele/Tapinganlagen sind unterstützende Maßnahmen zu veterinärmedizinischen und/oder physiotherapeutischen/osteopathischen Behandlungen! Sie können im Reha-Bereich sowie auch zum Training eingesetzt werden.

19.3.1 Knieschlinge mit Anregung der Hinterbackenmuskulatur

Das Knieschlingen-Tape birgt keine großen Varianten, aber man kann es wie schon eingangs beschrieben mit anderen Tapinganlagen kombinieren, je nach Problematik. Hier wurde es mit Muskeltapes für die Hinterbackenmuskulatur kombiniert, um zusätzlich die Muskeltätigkeit zu unterstützen und anzuregen.

19.3.2 Knieschlinge bei Ganginstabilität

Bei Gangunregelmäßigkeiten, Taktunreinheit, Schlurfen, häufigem Stolpern oder Ähnlichem in Verbindung mit Instabilität im Knie oder Sprunggelenk, kann man die Knieschlinge mit einem Propriozeptionstape kombinieren. Etwaige Blockierungen sind natürlich vorher auszuschließen. Lahmheiten sind im Vorfeld vom Tierarzt abzuklären!
Auf das Propriozeptionstape wird noch ausführlich in Kapitel 20 eingegangen.

Abb. 19.5: Knieschlingentape in Kombination mit Muskeltapes.

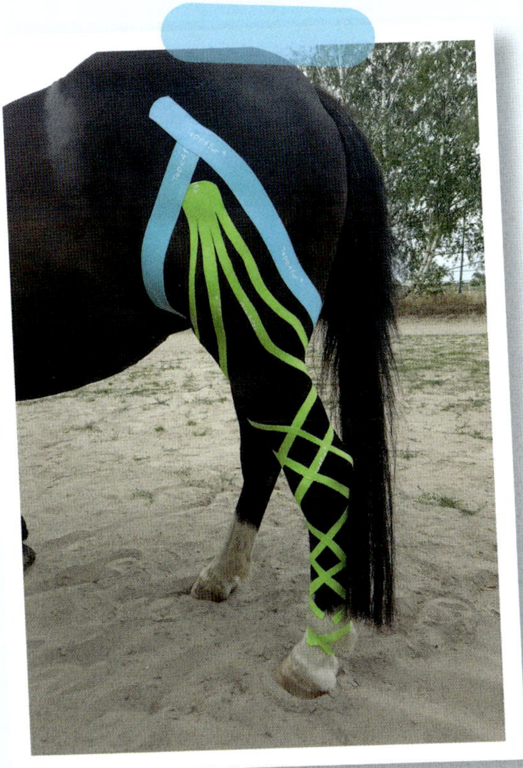

Abb. 19.6: Knieschlingentape in Kombination mit einem Propriozpetionstape.

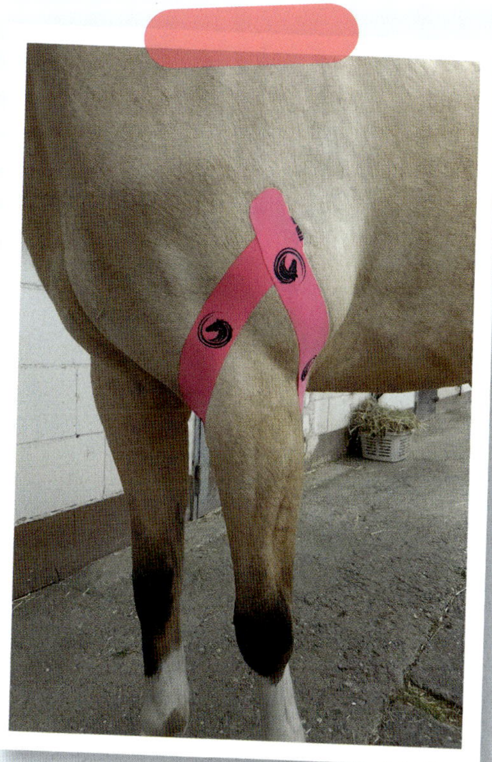

Abb. 19.7: Schlinge im Bereich des Ellenbogens.

19.3.2 Ellenbogenschlinge

Selbstverständlich kann man diese Schlinge genauso auch bei Problemen mit Ellenbogeninstabilitäten an der Vorhand nutzen. Allerdings kommen diese wesentlich seltener vor als Instabilitäten der Hinterhand und des Knies. Die Vorgehensweise bleibt die gleiche. Mittig in Höhe des Oberarmknochens lateral ansetzen, dann über die Ellenbeuge horizontal an der Beininnenseite entlang tapen und anschließend unterhalb des Ellbogengelenks wieder den Tapestreifen nach außen führen und erneut lateral enden. Darauf achten, dass man an der medialen Beininnenseite unterhalb der »Gehfalte« bleibt, damit sich das Tape beim Laufen nicht abschubbert.

Kapitel 20

Das Propriozeptionstaping

20.1 Wann empfiehlt sich ein Propriozeptionstaping?

Über Propriozeption wurde bereits zu Beginn des Buches gesprochen. Propriozeption umschreibt die Wahrnehmung des Körpers. Und eben diese Körperwahrnehmung kann mitunter beeinträchtigt sein. In den meisten Fälle zeigt sich dies in einer ungleichmäßigen Belastung der Gliedmaße oder in einem ungleichmäßigen Gangbild, obwohl keinerlei Blockierungen oder muskuläre Beeinträchtigungen mehr vorliegen.
Das Gangbild ist oftmals das Resultat von länger anhaltender Schonhaltung aufgrund von Schmerzen oder Blockaden. Auch wenn diese Ursachen behoben sind, hat sich über die neuronalen Strukturen und den Zeitraum mit Schmerzen ein verändertes Gangbild oder eine Fehlbelastung entwickelt und manifestiert. Der Körper hat sich einfach an die Situation »gewöhnt« und empfindet es als normal, wie er sich bewegt. Um diese »Fehlprogrammierung« zu beheben, empfiehlt sich das Propriozeptionstape.

Alle Tapinganlagen sprechen die Körperwahrnehmung an, da sich rund um die Haarwurzeln sehr viele Propriozeptoren, Sinneszellen für die Körperwahrnehmung, befinden. Aber das Besondere an dieser Anlagetechnik ist, dass sie spannungsfrei aufgeklebt wird und somit keinen Recoil hat. Da man wirklich nur diese speziellen Sinneszellen anregen möchte, ist ein Recoil des Tapes nicht nötig und letztlich auch nicht wünschenswert.

Die Wirkung entsteht in dem Moment, in dem sich das Tier mit dem aufgeklebten Propriozeptionstape bewegt! Dabei kommt es zu feinsten Scherkräften zwischen dem Tape, dem Haar und der Haarwurzel, was wiederum zu einer Stimulation eben nur dieser Sinneszellen für die Körperwahrnehmung führt, ohne andere Sinneszellen, wie Mechanorezeptoren für die Muskeltätigkeit, zu beeinflussen. Dadurch wird in der betroffenen Gliedmaße/Region die Körperwahrnehmung und folglich der Bewegungsablauf angeregt. In Folge werden auch die betroffenen Gelenke und Muskeln mobilisiert und aktiviert.

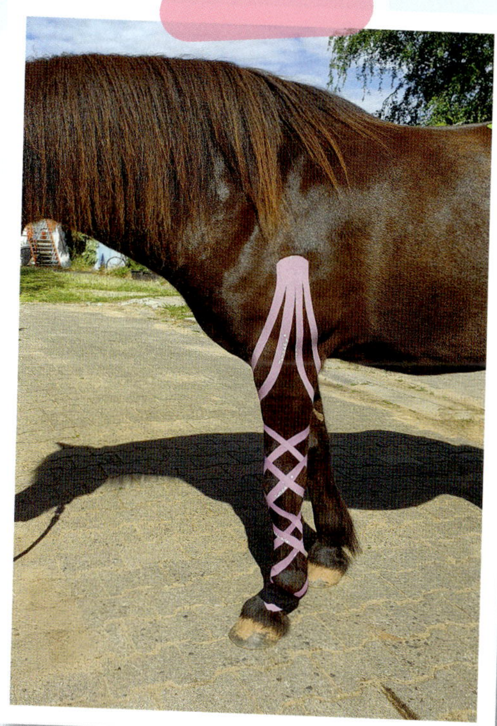

Abb. 20.1: Fertige Anlage eines Propriozeptionstapes an der Vorhand.

20.2 Wie wird ein Propriozeptionstaping geklebt?

Bei einem Propriozeptionstaping für die ganze Gliedmaße benötigt man ein Fächertape mit einer **geraden** Anzahl von Fingern (4 sind optimal). Gemessen wird an der Vorhand von Höhe des Oberarms (an der Hinterhand in Höhe des Oberschenkels) bis zum Boden. 20 cm Tape wird noch hinzugefügt. Es kommt die **End-to-End-Technik** zum Einsatz, **ABER OHNE DEHNUNG** des Tapes!

- Am Übergang der Finger zur Basis die Trägerfolie einreißen und umknicken. So kann man die Folie später besser fassen.
- Die Trägerfolie komplett von der Basis entfernen und diese spannungsfrei proximal in Höhe des Oberamknochens (respektive des Oberschenkelknochens an der Hinterhand) ohne Zug aufkleben.
- Man beginnt mit einem der äußeren Finger, zieht die Folie ein Stück ab und hält das Tape so, dass es gerade nicht durchhängt. Das Tape ist nicht gespannt!
- In diesen ungedehnten Zustand wird das Tape spiralförmig nach distal um das ganze Bein in Richtung Huf appliziert. Dabei immer ein Stück Folie abziehen, die 10 %-Vordehnung rausnehmen und dann spannungsfrei aufkleben.

Abb. 20.2: Abmessen der benötigten Tapelänge.

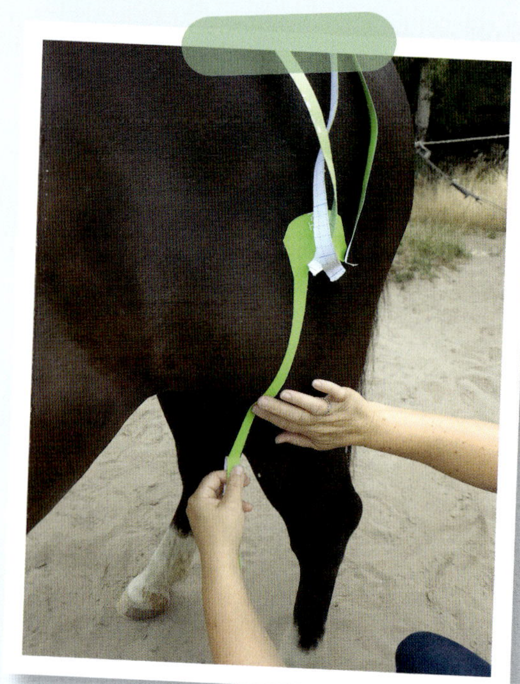

Abb. 20.3: Applikation des ersten Tapefingers.

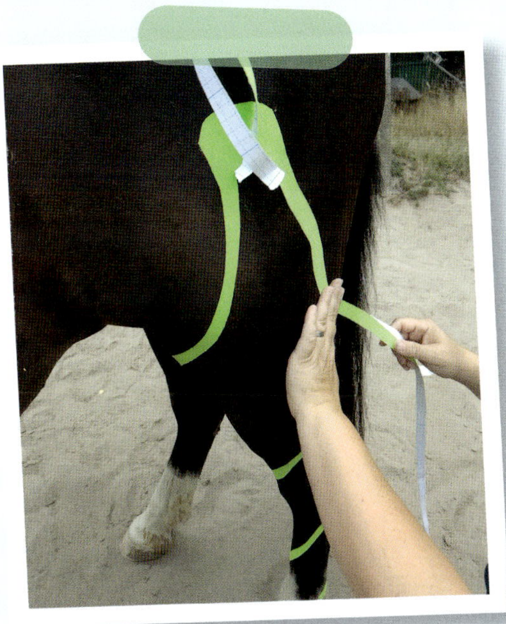

Abb. 20.4: Applikation des zweiten Tapefingers, entgegengesetzt zum ersten Finger.

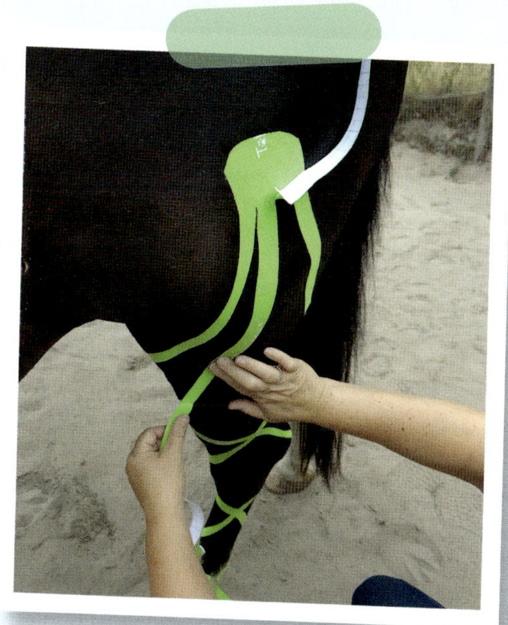

Abb. 20.5: Anlage des inneren vorderen Tapefingers, parallel zum äußeren vorderen Tapefinger.

- Als nächstes nimmt man den gegenüberliegenden äußeren Tapefinger. Dieser wird mit der gleichen Technik aufgeklebt: spannungsfrei und spiralförmig um das Bein, aber in die entgegengesetzte Richtung zum ersten Tapefinger.
- Die beiden Finger sollten sich nach der Applikation an mehreren Stellen am Bein überkreuzen.
- Anschließend kommen die beiden inneren Tapefinger dran. Die Technik bleibt immer gleich: Das Tape spannungsfrei und spiralförmig applizieren.
- Der vordere innere Finger wird dabei etwas tiefer angesetzt und parallel zum vorderen äußeren in die gleiche Richtung aufgeklebt.
- Der hintere innere Tapefinger wird etwas tiefer und parallel zum hinteren äußeren Tapefinger getapt.
- Alle vier Fingerenden werden natürlich auch spannungsfrei appliziert.
- Es empfiehlt sich, die distalen dünnen Fingerenden durch einen spannungsfreien Queranker zu sichern, damit sich die Tapefinger nicht im Stroh, der Einstreu oder im Gras verfangen und vorzeitig ablösen.
- Vorsichtig über die Tapefinger reiben, um durch die Reibungswärme den Kleber zu aktivieren.

Am Ende ist die Gliedmaße von den Tapefingern komplett umwickelt, die sich an mehreren Stellen überkreuzen. Es sieht dann immer ein bisschen so aus, als würde das Pferd eine »Netzstrumpfhose« tragen. Das Bein wird auf diese Weise komplett angesprochen und stimuliert.

Abb. 20.6: Anlage des letzten Fingers des Propriozeptionstapes.

Propriozeptionstape:
Taperichtung: Spannungsfrei, die Gliedmaße umschließend
Recoil: Kein Recoil, da keine Zugrichtung, Wirkung über die Scherkräfte zwischen Tape und Fell bei Bewegung
Wirkung: Stimulation der Körperwahrnehmung und damit Verbesserung des Gangbildes und der gleichmäßigen Körperbelastung.

20.3 Weitere Beispiele für das Propriozeptionstaping

Alle nachfolgenden Tapinganlagen sind unterstützende Maßnahmen zu veterinärmedizinischen und/oder physiotherapeutischen/osteopathischen Behandlungen! Man kann das Propriozeptionstaping im Reha-Bereich nutzen, aber auch gezielt während des Trainings, um die betroffene Gliedmaße dabei stärker anzusprechen.

Einige Beispiele, wie man das Propriozeptionstape mit anderen Anlagen kombinieren kann, finden sich im Kapitel 18 – Huftaping und Kapitel 19 – Knieschlingentape.

20.3.1 Partielles Propriozeptionstape der unteren Gliedmaße

Sollte die Bewegungseinschränkung nicht die ganze Gliedmaße betreffen, kann man auch ein partielles Propriozeptionstaping der unteren Extremität applizieren, um diesen Bereich gezielter anzusprechen. Hier zum

Abb. 20.7: Propriozeptionstape der unteren Gliedmaße.

Beispiel, wenn das Vorführen aus der Schulter heraus funktioniert, aber nicht aus dem Karpalgelenk heraus. Etwaige Blockierungen sind natürlich vorher auszuschließen bzw. zu lösen. Es wird spannungsfrei getapt.

20.3.2 Partielles Propriozeptionstape des Karpalgelenkes

Wenn man zum Beispiel nur ein Gelenk stimulieren möchte, weil da zuvor Blockaden aufgetreten sind, die zu einer Bewegungseinschränkung geführt haben, kann man auch Gelenke einzeln mit einem Propriozeptionstape anregen. Auch bei dieser Anlage sollte das Gelenk möglichst komplett umschlossen werden. In diesem Fall wurden zwei Fächertapes dafür genutzt, die medial und lateral ansetzen und das Gelenk auch hier spannungsfrei umschließen. Die dunklen Quertapes in dieser Anlage sind Sicherungsanker.

Abb. 20.8: Propriozeptionstape für das Karpalgelenk.

20.3.3 Körper-Propriozeptionstape, um die diagonale Fehlbelastung auszugleichen

Genau wie wir Menschen Rechts- oder Linkshänder sind, haben auch Pferde eine bevorzugte Seite. Zudem sind sie in ihrem

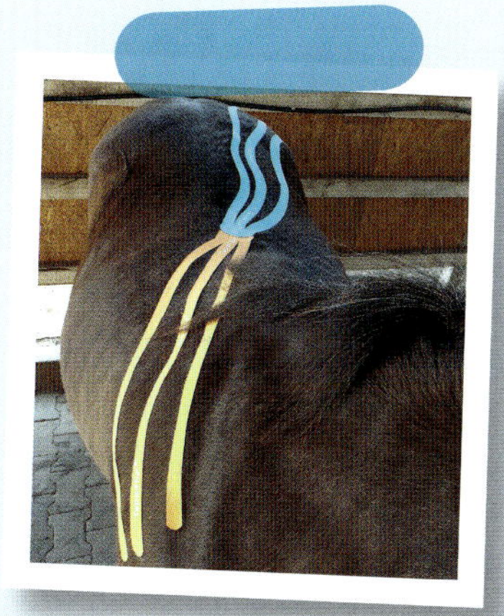

Abb. 20.9: Diagonales Körper-Propriozeptionstape.

Belastungsmuster diagonal ausgeprägt. Das heißt, dass sie entweder die Rechte-Vorhand-linke-Hinterhand-Diagonale mehr belasten oder die Linke-Vorhand-rechte-Hinterhand-Diagonale. Mitunter kann dies zu einer Überbelastung der entsprechenden Diagonale führen. Um dem Tier die andere Diagonale wieder verstärkt ins Bewusstsein zu rufen, kann man diese mit einem Körper-Propriozeptionstaping entsprechend stimulieren.

Für diese Anlage werden zwei sehr große Fächertapes benötigt. Die Basis des ersten Fächers wird mittig auf dem Rücken appliziert und die Finger entlang der schwächeren Diagonale spannungsfrei zur betroffenen Vorhand geführt. Die Basis des zweiten Fächertapes wird überlappend mit der ersten Basis mittig auf dem Rücken aufgebracht, anschließend werden die Finger spannungsfrei zur schwächeren diagonalen Hinterhand aufgeklebt.

Sollte diese Anlage zum Training eingesetzt werden, dann nur beim Longieren oder bei der Bodenarbeit. Zum Reiten eignet sich diese Anlage nicht. Durch den Sattel und das Reitergewicht werden die Scherkräfte zwischen Tape und Fell eingeschränkt, somit kann das Propriozeptionstape seine volle Wirkkraft nicht entfalten.

Kapitel 21

Das Korrekturtaping

21.1 Wann empfiehlt sich ein Korrekturtaping?

Die Frage lässt sich schnell und einfach beantworten: Ein Korrekturtaping kommt bei angeborenen oder erworbenen Fehlstellungen der Gliedmaßen zum Einsatz. Egal ob ein Pferd zehenweit oder zeheneng, bodenweit oder bodeneng steht oder eine Innen- oder Außenrotation einer Gliedmaße vorliegt.

Beim Korrekturtaping nutzt man primär den Recoil des Tapes, um so der Gliedmaße den Weg in die richtige Stellung vorzugeben. Es wird nicht unbedingt nach anatomischen Grundlagen wie Muskel- oder Sehnenverlauf getapt, sondern vorwiegend mit der mechanischen Zugrichtung des Kinesiologischen Tapes, um eine Fehlstellung auszugleichen.

Am häufigsten habe ich diesbezüglich Anfragen bei neugeborenen Fohlen, die mit einer Fehlstellung auf die Welt gekommen sind. Da das Gewebe bei Fohlen noch sehr weich ist, kann man schnell gute Erfolge erzielen. Aber auch ältere Pferde, die sich über Jahre eine Fehlstellung angewöhnt haben, kann man damit unterstützen. Allerdings muss die Anlage über einen längeren Zeitraum wiederholt werden, um die Fehlhaltung wieder »umzuprogrammieren«.

Abb. 21.1: Abmessen des benötigten Tapestreifens bei Außenrotation der rechten hinteren Extremität aus dem Hüftgelenk heraus.

21.2 Wie wird ein Korrekturtaping geklebt?

Man benötigt ein an beiden Enden abgerundetes I-Tape. Die Länge variiert deutlich je nach Fehlstellung und Befund, wie man auch in den nachfolgenden Fallbeispielen sehen kann. Es kommt immer die **End-to-End-Technik** mit leicht- bis mittelgradigem Zug zum Einsatz. Man folgt dabei einem einfachen Grundsatz: **Man tapt immer in die Richtung der Fehlstellung, immer zur Fehlstellung hin!** Wie schon in Kapitel 8 beschrieben, verläuft bei der End-to-End-Technik der Recoil immer entgegengesetzt der Taperichtung zur primären Basis hin, also in die gewünschte Korrekturrichtung.

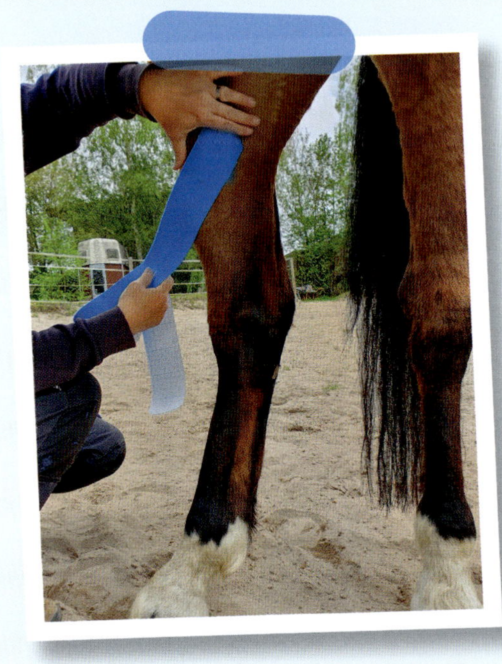

Abb. 21.2: Bei Außenrotation der Gliedmaße wird die primäre Basis medial an der Beininnenseite angesetzt.

Im folgenden Step-by-Step-Beispiel handelt es sich um eine erworbene Fehlstellung der Gliedmaße aus dem Hüftgelenk heraus in eine Außenrotation. Es wird oben innen am Bein begonnen. Man folgt mit der Taperichtung der Außenrotation, damit der Recoil die Gliedmaße wieder zu einer Innenrotation anregt.

- Von den ersten 5 cm des I-Tapes die Trägerfolie komplett entfernen und die primäre Basis spannungsfrei mittig an der Beininnenseite unterhalb des Knies applizieren. Dabei zeigt die Basis bereits in die Richtung der Außenrotation.
- Das Tape mit flachen Fingern fassen und mit mittelgradigem Zug schräg vorwärts-abwärts (der Außenrotation folgend) spiralförmig um das Bein herum tapen.
- Dabei mehrfach um das Bein herum tapen. Dadurch ergibt sich ein stärkerer Impuls zur Stellungskorrektur, als wenn das Tape nur einmal um die Gliedmaße herumgeführt würde.
- Das Ende des Tapestreifens, die sekundäre Basis, wie immer spannungsfrei aufkleben.
- Kräftig über den Tapestreifen reiben, um durch die Reibungswärme den Kleber zu aktivieren.
- Bei Bedarf die Anlage an den beiden Enden mit spannungsfreien Querankern sichern.

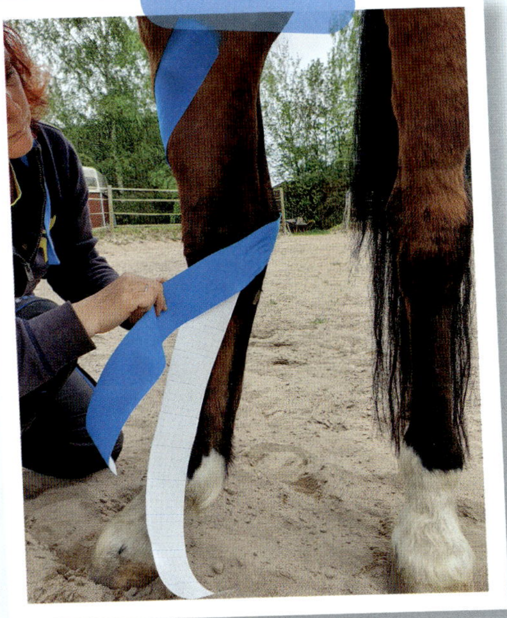

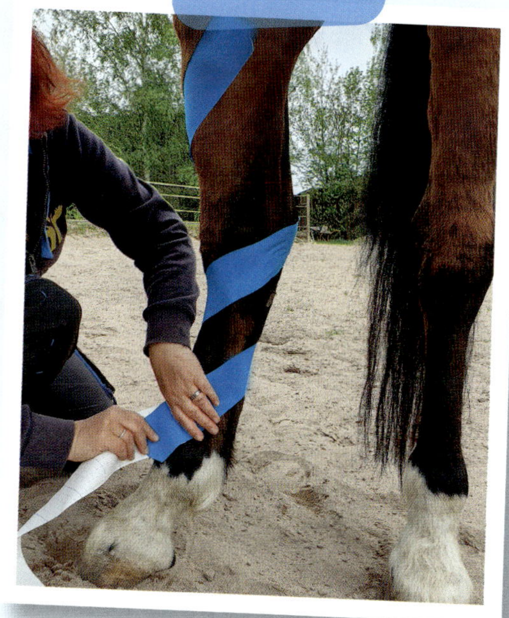

Abb. 21.3 und 21.4: Bei einer Fehlstellung der ganzen Gliedmaße den Tapestreifen des Korrekturtapes mehrmals spiralförmig um das Bein herum applizieren.

Bei ausgewachsenen Pferden arbeite ich beim Korrekturtaping immer mit mittelgradiger Spannung. Bei Fohlen hingegen, wo alles noch so weich und im Wachstum ist, reicht meist schon ein leichtgradiger Zug oder sogar der Zug, mit dem das Kinesiologische Tape von der Trägerfolie kommt (10 %ige Vordehnung). In der Regel müssen Fohlen bei dieser Problematik nur getapt werden. Bei über Jahren erworbenen Fehlstellungen ist natürlich die zeitgleiche physiotherapeutische Behandlung der umgebenden Strukturen ganz wichtig. Unter anderem haben sich auch die Muskelzüge dabei entsprechend verändert und müssen mit Massage und Dehnung wieder zur gewünschten Stellung zurückfinden bzw. diese ermöglichen können.

ANMERKUNG: Zwischen den Bildern 21.3 und 21.5 liegen keine fünf Minuten. Das Pferd wurde in der Zwischenzeit von keinem anders hingestellt, sondern hat sich von alleine korrigiert. Man beachte die Außenrotation der Hintergliedmaße zu Beginn der Tapinganlage auf Bild 21.3 und die Stellung der Gliedmaße fünf Minuten nach Beendigung der Anlage auf Bild 21.5.

Wie schon eingangs beschrieben ist es mit einer einmaligen Anlage nicht getan. Es bedarf einiger Wiederholungen für einen dauerhaften Effekt!

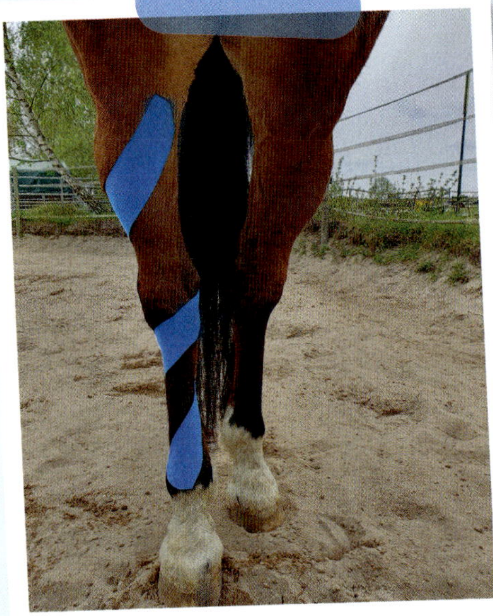

Abb. 21.5: Fertige Anlage eines Korrekturtapes mit deutlich verbesserter Stellung der Extremität.

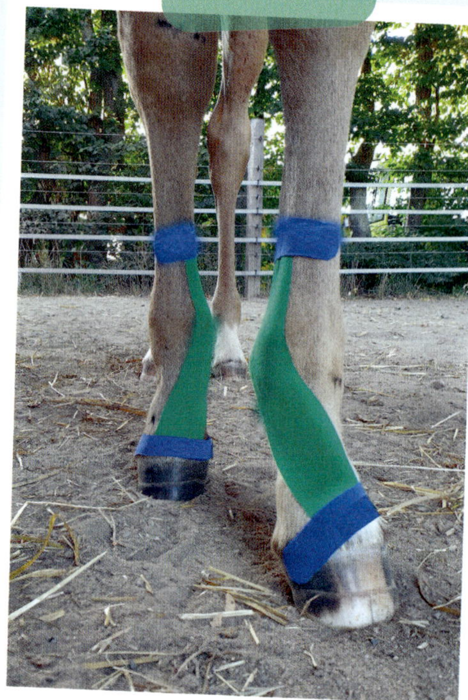

Abb. 21.6: Korrekturtape für zehenweite Stellung.

Korrekturtaping:
Taperichtung: In die Richtung der Fehlstellung
Recoil: In die Korrekturrichtung
Wirkung: Erworbene und angeborenen Fehlstellungen in die physiologisch korrekte Position bringen.

21.3 Weitere Beispiele für das Korrekturtaping

Alle nachfolgenden Tapinganlagen sind unterstützende Maßnahmen zu veterinärmedizinischen und/oder physiotherapeutischen/osteopathischen Behandlungen!

21.3.1 Zehenweit

Das Fohlen wurde leicht zehenweit geboren, mit einer leichten Außenrotation beidseits aus dem Fesselgelenk heraus. Es wurde auf beiden Seiten medial am Röhrbein angesetzt. Über den Fesselkopf wurde dann mit leichtgradigem Zug zur Fehlstellung nach lateral hin getapt. Die Anlage wurde mit Querankern oben und unten gesichert. Sie wurde der Besitzerin gezeigt und von ihr über mehrere Wochen wiederholt.

Bei einem zehenengen Pferd wird entsprechend umgekehrt getapt: Von der lateralen Beinseite zum inneren Hufrand.

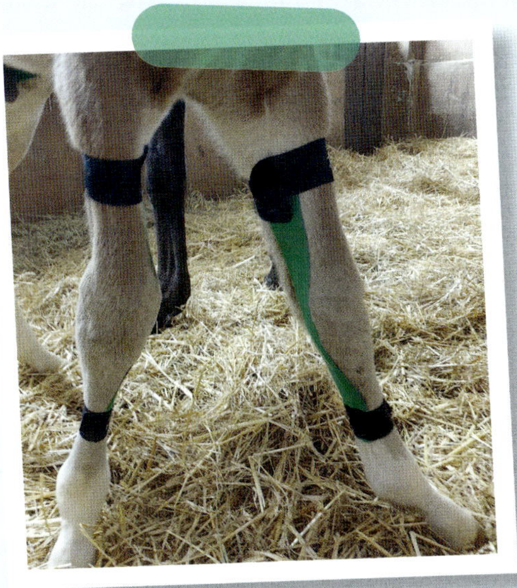

Abb. 21.7: Korrekturtape bei X-Beinigkeit im Karpalgelenk und bodenweiter Stellung.

21.3.2 Bodenweit mit X-Beinigkeit der Vorhand

Bei gutem Muskeltonus stand das Fohlen sehr bodenweit, die Karpalgelenke waren leicht x-beinig. An beiden Beinen wurde von proximal nach distal, zur Fehlstellung hin, an der Beininnenseite je ein Tapestreifen mit leichtgradiger Spannung getapt und anschließend oben und unten mit Querankern gesichert. Auch dies wurde der Besitzerin gezeigt und von ihr über mehrere Wochen wiederholt. Nach ca. vier Wochen war von der Fehlstellung kaum noch etwas zu sehen.

21.3.3 Fehlstellung zwischen Karpalgelenk und Röhrbein

Per Röntgenbild gesicherte Fehlstellung von 18 Grad zwischen der unteren Karpalreihe und dem Röhrbein der rechten Vorhand bei schwachem Muskeltonus der Gliedmaße.

Dadurch bodenweite Stellung aus dem Karpalgelenk heraus.

Medial, an der Beininnenseite, wurde entlang der Gliedmaße von oben nach unten zur Fehlstellung hin getapt (leider aufgrund des Winkels der Aufnahme nicht zu sehen). Die verkürzten Strukturen auf der gegenüberliegenden lateralen Beinaußenseite wurden mit einem Ausgleichstape von distal am Fesselkopf nach proximal bis unterhalb des Ellenbogenhöckers getapt. Die Korrekturtapes wurden mit multiplen Querankern gesichert. Die Anlage wurde zweimal pro Woche über einen Zeitraum von vier Wochen wiederholt.

TIPP: Fohlenfell hat oftmals einen höheren Hautfettanteil, was das Taping und die Haftbarkeit erschwert. Den betroffenen Bereich vorher mit Babypuder und einem Mikrofasertuch abreiben. Das reduziert den Hautfettanteil ein bisschen und das Tape klebt besser.

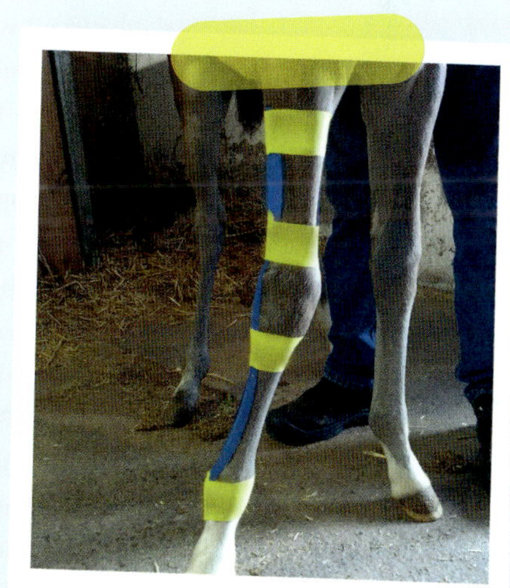

Abb. 21.8: Korrektur- und Ausgleichstape bei Fehlstellung im Karpalgelenk.

Kapitel 22

Die Gittertapes

Abschließend noch eine kleine Besonderheit des Kinesiologischen Taping: Die Gittertapes.

22.1 Woraus bestehen Gittertapes?

Gittertapes, auch Crosstapes genannt, bestehen im Gegensatz zum Kinesiologischen Tape nicht nur aus Baumwolle, sondern werden aus einem Baumwoll-Seidengemisch hergestellt. Ein weiterer Unterschied zu den Rollentapes besteht darin, dass sie keinerlei Elasthanfasern besitzen und somit nicht dehnbar sind. Die Gittertapes sind genauso mit Acrylkleber beschichtet und komplett wirkstofffrei. Die Gitter sind in verschiedenen Größen und Farben erhältlich. Ihre Besonderheit liegt darin, dass sie statisch aufgeladen sind bzw. sich statisch aufladen, wenn man sie von der Trägerfolie abzieht.
Auch die Haut- bzw. die Felloberfläche hat eine bestimmte statische Aufladung. Im Falle einer Erkrankung oder einer Veränderung bzw. Störung im Gewebe, und damit dem Säuren-Basen-Milieu, kann sich eben diese statische Aufladung in den betroffenen Bereichen verändern und dadurch auch die statische Aufladung an der Oberfläche. Durch die spezielle Form der Gittertapes wird das Gewebe ebenfalls minimal angehoben. Es kommt dabei vor allem wieder zu einer Normalisierung der statischen Aufladung, der Energiefluss wird angeregt und der Prozess unterstützt die Schmerzlinderung.
Man kann die kleinen Gitter mit dem Kinesiologischen Tape kombinieren oder auch einzeln verwenden. Sie dienen der speziellen punktuellen Behandlung kleiner Areale und werden oft bei Trigger-, Stress- und Schmerzpunkten verwendet. Sehr häufig werden sie bei Akupunkturpunkten gewählt, zur zusätzlichen Unterstützung der Akupressur, Akupunktur oder Laser-Akupunktur.

Abb. 22.1: Crosstapes in verschiedenen Größen und Farben.

Abb. 22.2: Um die statische Aufladung nicht zu beeinflussen, sollte mit den Crosstapes vorsichtig umgegangen werden.

Abb. 22.3: Crosstapes dicht über das Fell führen. Sie ziehen sich von alleine an das betroffene Areal heran.

22.2 Wie werden Gittertapes genutzt?

- Eine Ecke des Gitters vorsichtig mit den Fingerspitzen oder einer Pinzette von der Folie anheben und dann das gesamte Crosstape von der Trägerfolie abziehen.
- Das Gittertape nur an dieser einen Ecke festhalten und dann im Abstand von wenigen Millimetern im betroffenen Bereich über das Fell führen.
- Aufgrund der statischen Ladungsveränderung der Haut und der Aufladung des Crosstapes findet das Gitter die betroffene Stelle von alleine und zieht sich an dem Punkt an das Fell ran. Dort bleibt es haften.
- **NICHT DARÜBER REIBEN**! Zum einen könnte man die kleinen Gittertapes aus Versehen wieder abreiben, zum anderen beeinflusst die Reibung die statische Aufladung. Dies ist in diesem Fall nicht wünschenswert.

Gittertapes können wie Kinesiologisches Tape lange auf dem Fell verbleiben. Sie fallen von alleine ab, wenn sie ihren »Job« gemacht haben. Es empfiehlt sich, vorsichtig um die betroffene Stelle drumherum zu putzen.

22.3 Beispiele für die Anwendung von Gittertapes

Alle nachfolgenden Tapinganlagen sind unterstützende Maßnahmen von veterinärmedizinischen und/oder physiotherapeutischen/osteopathischen Behandlungen!

22.3.1 Akupunkturpunkte

Zusätzlich zur Akupunktur, Akupressur oder Laser-Akupunktur kann man nach der eigentlichen Behandlung zur Unterstützung ein Crosstape auf die behandelten Akupunkturpunkte applizieren. Die Gittertapes verbleiben

Abb. 22.4: Stimulation von Akupunkturpunkt Pericard 9.

Abb. 22.5: Behandlung des Kiefergelenks mit Crosstapes.

so lange, bis sie von alleine abfallen. Hier der Punkt Perikard 9, der unter anderem bei Erkrankungen des Hufs behandelt wird.

22.3.2 Kiefergelenk

Zur Nachbehandlung von Kiefergelenksblockaden kann man entweder ein kleines Sterntape auf dem Gelenk applizieren (siehe Kapitel 12.3.4) oder es mit einem Crosstape unterstützen. Auf diese Weise wird der Energiefluss wieder angeregt. Auch nach zahnärztlichen Behandlungen, wenn Pferde längere Zeit ein Maulgatter tragen mussten, empfiehlt sich die Anwendung von Gittertapes auf den Kiefergelenken.

22.3.3 Narben

Zur Unterstützung von Narbenbehandlungen kann man Crosstapes einsetzen. Entweder appliziert man ein Narbentape wie in Kapitel 17 beschrieben, oder man platziert mehrere Gittertapes entlang der Narbe. Bei den meisten Narben ist der Energiefluss gestört. Die Crosstapes helfen bei der Regulation des Energieflusses. Genau wie beim eigentlichen Narbentaping sollte auch hier die ganze Narbe mit Gittertapes abgedeckt werden.

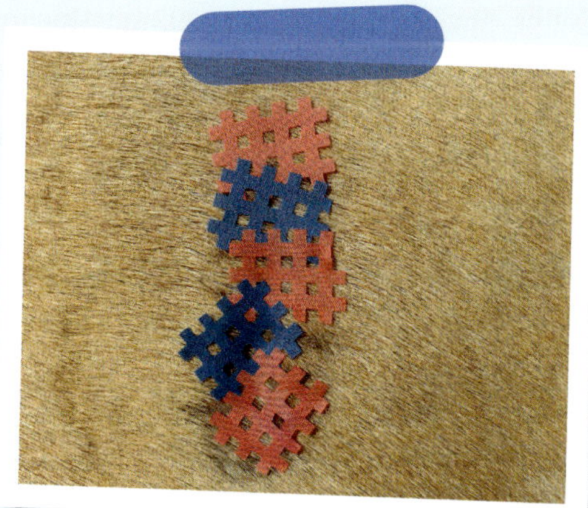

Abb. 22.6: Multiple Gittertapes entlang einer Narbe.

Danksagung

Wie immer gilt mein größter Dank meinem Mann, der mich bei all meinen Projekten tatkräftig unterstützt. Eigentlich ist er im IT-Bereich tätig, inzwischen aber auch ein absoluter Tapingexperte.

Danken möchte ich Claudia König vom Verlag Müller Rüschlikon, die bereits die Erstauflage dieses Buches betreut hat und sofort offen für diese Neuauflage war.

Großen Dank an die Agentur Ravenstein, in Verden für die tolle grafische Gestaltung des Buches. Es ist wirklich sehr schön geworden.

Stellvertretend für alle Pferde, die für dieses Buch Modell gestanden haben, möchte ich mich bei Tonga und meinem Pferd Balou bedanken. »Vielen Dank, liebe Steffi, dass Du ein Bild Deiner Tonga für das Buch-Cover zur Verfügung gestellt hast.« Danke an alle meine Patientenpferde, die sich immer so geduldig von mir bekleben lassen.

Selbstverständlich gilt mein Dank allen Pferdebesitzern, die mir ihre Tiere zur Behandlung anvertrauen. Insbesondere danke ich an dieser Stelle denen, deren Pferde während der Behandlung fotografiert werden durften und deren Aufnahmen in diesem Buch nun abgebildet sind.

Quellenverzeichnis

Katja Gühring: **Muskelatlas des Pferdes für Physiotherapeuten**, Senden 2012

Horst-Erich König/Hans-Georg Liebich: **Anatomie der Haussäugetiere**, Schattauer Verlag, Stuttgart 2009

Carola Krokowski: **Akupunktur und Phytotherapie beim Pferd**, Sonntag Verlag, Stuttgart 2010

Über die Autorin

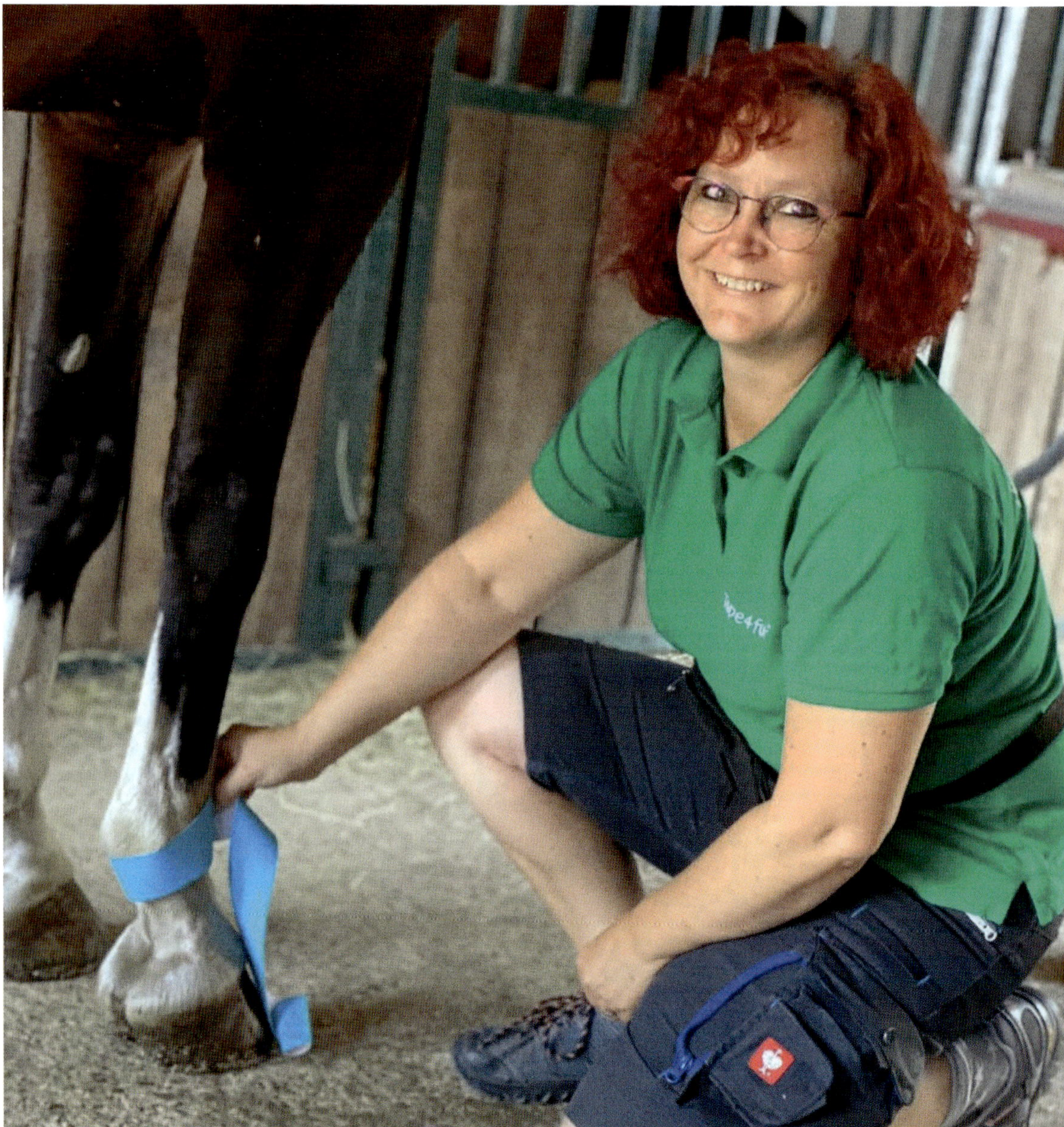

Mich brachte das eigene Pferd vor vielen Jahren zur Tierphysiotherapie. Ein Vorfall war der Auslöser dafür: Eine Tierphysiotherapeutin löste auf überzeugende Art und Weise ein Problem, das von einem Tierarzt nicht behoben werden konnte. Das hatte mich damals so fasziniert, dass für mich klar war: »Was diese Frau kann, will ich auch können!«
Während meiner Ausbildung zur Tierphysiotherapeutin belegte ich einen Kurs zum Thema »Flexibles Taping bei Pferden«. Ich wollte wissen, was die bunten Klebebänder bewirken. Ich war von Anfang begeistert, was man mit dem Kinesiologischen Tape alles erreichen kann.
Durch einen mehrjährigen Aufenthalt in den USA und den Kontakt zum Management einer ansässigen Firma, die Tape vertrieb, konnte ich meine Kenntnisse vertiefen. Immer wieder wurde ich bei meiner täglichen Arbeit danach gefragt, was es mit dem Tape auf sich hat. Ich konnte die Wirkweise gut erklären und wurde nach kürzester Zeit auf ein Buch und Kurse angesprochen. So kam irgendwann eins zum anderen.
Die ersten Tapingkurse habe ich bereits während meiner Zeit in den USA gegeben. Heute gebe ich Kurse in Deutschland, Österreich und der Schweiz. Im Herbst 2016 erschien die erste Auflage von »Kinesiologisches Pferdetaping« im Verlag Müller Rüschlikon.
Dieses Buch ist inzwischen auch in Englisch bei Trafalgar Square Books, USA, erhältlich. Ich habe im Jahr 2016 damit begonnen, den Vertrieb des amerikanischen Tapes in Deutschland aufzubauen und diesen kontinuierlich auch europaweit auszudehnen.
Mein nächstes Herzensprojekt war die Entwicklung eines eigenen Kinesiologischen Tapes, das meinen spezifischen Vorstellungen entspricht. Meine langjährige Tapingerfahrung ist in die Entwicklung von »Tape4Fur« eingeflossen.

Kontakt

Falls Sie Fragen zum Kinesiologischen Pferdetaping haben sollten, können Sie sich auf meiner Internetseite oder auf meinen Social-Media-Kanälen informieren. Sie können sich gerne auch direkt an mich werden: info@tape4fur.com
www.tape4fur.de
https://www.facebook.com/tape4fur/
https://www.instagram.com/tape_4_fur/

Tapingkurse und Bestellungen

Hier finden Sie Informationen zu Tapingkursen sowie Bestellmöglichkeiten von Kinesiologischem Tape: www.tape4fur.de

Pferdeglück